PLANNING AND MANAGEMENT FOR ACTIVE TRANSPORT

城市积极交通规划与管理

马亮◎著

中国建筑工业出版社

前　言

在全球气候危机与公共健康挑战的双重压力下，城市交通体系正经历深刻变革。作为应对气候变化的关键领域，交通运输业占全球能源相关碳排放的约25%。如何在推动可持续交通发展的同时，促进公众健康，已成为各国城市治理的重要议题。本书聚焦于"积极交通"这一前沿理念——通过步行、骑行等零碳出行方式的系统建构，不仅为缓解环境压力提供突破口，更蕴含着重塑城市空间格局与提升公共健康水平的双重价值。

从气候变化应对的角度来看，积极交通体系通过减少对化石燃料驱动的机动化出行的依赖，能够直接降低人均交通碳足迹。研究表明，在城市交通结构中，步行和骑行比例每提高10%，交通领域的碳排放可减少约4%。这使得积极交通成为全球气候治理体系中不可或缺的一环，不仅是落实《巴黎协定》减排承诺的重要实践路径，也有助于提升城市应对气候变化的韧性。

在公共健康领域，现代城市生活方式导致的身体活动不足，已成为慢性疾病高发的主要诱因之一。世界卫生组织的研究显示，每日30分钟的中等强度身体活动可使心血管疾病的发病率降低20%。积极交通通过将日常出行转化为规律性的身体活动，为城市居民提供了一种兼具健康效益和可持续性的出行方式，成为成本效益显著的公共健康干预策略。

中国新型城镇化进程为积极交通的发展提供了战略机遇。国土空间规划体系改革强调"以人为本"的发展理念，与积极交通所倡导的"出行即生活"理念高度契合。通过构建15分钟社区生活圈、优化慢行网络等空间干预措施，积极交通不仅改善了居民的出行体验，更重塑了人、空间与活动之间的互动关系，使城市真正成为承载美好生活的场所。

《城市积极交通规划与管理》立足于上述三大核心议题，致力于构建理论与实践相结合的完整知识体系。本书的研究路径具有以下三大特征：

首先，从全球比较的视角出发，系统梳理欧美城市交通转型的制度创新经验，以及亚洲高密度城市的适应性策略，形成具有地理差异性的经验图谱；

其次，融合交通工程学与行为科学的跨学科视角，借助计划行为理论、社会生态模型等分析工具，深入揭示出行行为的决策机制；

最后，聚焦儿童通学等特定出行场景，提出"安全通学路径"等精细化规划与设计导则，拓展积极交通研究的应用深度。

本书的内容架构遵循"宏观趋势—中观机制—微观实践"的逻辑脉络：

第1章 分析全球城市积极交通的政策演进与空间实践，构建国际经验参照系；

第2章 系统总结城市积极交通出行行为的主要理论基础；

第3章 通过行为理论模型解析个体出行决策机制，为政策制定提供微观层面的科学依据；

第4章 专论儿童通学行为的特征及其影响因素，补充特定群体的研究视角；

第5章与第6章 讨论积极交通在塑造健康城市和幸福城市中的作用，论证其多维度社会效益；

第7章 总结国际政策工具包，并结合中国城市的现实需求，提出本土化的实施路径。

本书的完成凝聚了多方智慧。在此，特别感谢北京大学林坚教授在本书的策划与编写过程中给予的关心和指导，为本书的框架构建提供了关键性支持；感谢中国建筑工业出版社杨虹主任在出版流程中的专业指导；同时，衷心感谢我的研究团队成员，特别是黄言、石雯茜、刘冠秋、张雪诺、董雨、吴牧蓉、王宏宇等，他们在书稿素材整理和文字校对过程中付出了大量心血，为本书的顺利完成提供了重要保障。希望本书的研究成果能为中国城市交通的绿色转型提供新的思考路径，为市民创造更加充满活力的街道空间，使城市真正成为承载幸福生活的可持续发展载体。限于研究视野与学科边界，书中论述难免存在疏漏之处，恳请学界同仁与业界专家批评斧正。

编者

2024年6月

目 录

第1章　城市积极交通出行的全球发展趋势 ·············· 001
　第一节　世界城市积极交通倡议与发展历程 ·············· 003
　第二节　积极交通出行的复兴案例 ·············· 011
　第三节　未来发展方向与挑战 ·············· 033

第2章　城市积极交通出行行为理论 ·············· 043
　第一节　效用最大化理论 ·············· 045
　第二节　社会心理学理论 ·············· 051
　第三节　理论框架整合 ·············· 055

第3章　城市积极交通出行行为影响机制 ·············· 061
　第一节　积极交通出行的障碍和促进因素 ·············· 063
　第二节　城市规划与步行、骑行行为的实证研究 ·············· 067
　第三节　慢行交通设施对出行意愿的影响研究 ·············· 079
　第四节　环境干预策略的区域异质性 ·············· 082
　第五节　积极交通出行影响因素的实证研究 ·············· 087

第4章　儿童积极交通出行行为影响机制 ·············· 099
　第一节　儿童出行行为特点 ·············· 102
　第二节　儿童积极通学现状 ·············· 106
　第三节　儿童积极通学行为影响因素分析 ·············· 109
　第四节　鼓励儿童积极通学的政策要点 ·············· 124

第5章　积极交通出行与健康城市 ············ 131
第一节　积极交通对城市居民健康的多方面益处 ············ 133
第二节　空气质量改善与健康城市的关联 ············ 138
第三节　健康城市规划与积极交通策略的融合 ············ 145
第四节　城市环境、自行车出行与心理健康：实证研究 ············ 151

第6章　积极交通出行与幸福城市 ············ 165
第一节　城市幸福感评估与交通出行满意度 ············ 168
第二节　社会交往、社区凝聚与积极交通的联系 ············ 181
第三节　幸福城市的构建与积极交通的角色 ············ 196

第7章　城市积极交通出行公共政策干预的国际经验 ············ 209
第一节　健康城市：推动全民步行与骑行的国家措施 ············ 211
第二节　活跃校园：促进儿童积极通学的实践项目 ············ 225
第三节　还路于人：宜居社区的机动车限制策略 ············ 242

第1章

城市积极交通出行的全球发展趋势

第一节　世界城市积极交通倡议与发展历程
第二节　积极交通出行的复兴案例
第三节　未来发展方向与挑战

作为一种重要的出行模式，以步行和自行车出行为代表的积极交通出行不仅是一种低碳可持续的出行模式，同时也被证实可以给居民身心健康带来积极的影响。与其他运动方式（例如健身、游泳等）相比，积极交通出行作为身体活动的优势在于更容易融入日常生活。然而，尽管拥有诸多优势，积极交通出行在机动化和城市化进程中也面临过衰落阶段。近年来，随着各国开始重视减少交通系统碳排放，促进城市高质量可持续发展，复兴积极交通被提上日程。与此同时，新冠疫情的全球大流行也为复兴积极交通带来了机遇。在新冠疫情流行期间，公共卫生防护举措成为国家和地方治理的重点，而出于疫情防控的目的以及疫情（给交通服务运营商）所带来的资金压力，公共交通服务锐减或处于停运状态。此外，与公共交通相比，积极交通出行能够最大限度保持社交距离，降低感染的风险，并有助于保障无私家车群体的流动性。在全球很多地区，积极交通（尤其是自行车）出行得到了复兴，并成为疫情期间人们出行的首选模式之一。一些研究预计，在后疫情时代，积极交通的热度也会持续流行。

积极交通从繁荣到衰落再到复兴的过程与各国城市化和机动化进程，以及支持和鼓励积极交通出行的干预手段密不可分。本章重点关注全球一些国家和地区积极交通出行比例的变化趋势，并从国家和区域层面关注与积极交通变化趋势相关的一些因素，例如城市化和机动化进程等。在经历了衰落之后，部分国家和地区开始逐渐重视积极交通在社会和环境等方面的积极效应，因此致力于推动积极交通出行的复兴。有鉴于此，本章介绍了部分欧洲国家和城市在促进积极交通出行方面的干预策略。这些干预策略涉及城市规划、交通管理、法律法规、文化教育等诸多方面，为全球其他国家和城市提供了经验借鉴。在总结全球积极交通发展历程以及部分国家复兴积极交通的相关策略之后，本章还讨论了未来积极交通的发展方向以及面临的相关挑战。在此基础上，为有关积极交通的实证研究和规划实践提供相关知识和启示。

第一节　世界城市积极交通倡议与发展历程

作为重要的地面出行模式，积极交通出行曾经在各国的交通系统中扮演着重要的角色。随着全球城市化和机动化进程，公共交通的发展和私家车的普及逐渐挤占了积极交通（尤其是自行车）的份额。北美和澳大利亚自行车出行在日常出行份额中占比最低（图1-1-1）。在澳大利亚，超过90%的居民每天至少使用一次汽车，而低密度和单一土地利用模式的社区导致更长的通勤距离，从而削弱了自行车在日常通勤过程中的优势。欧洲国家，尤其是荷兰、丹麦、瑞典和德国拥有较高的自行车出行份额。在2013年，骑自行车的行程占丹麦居民所有行程的

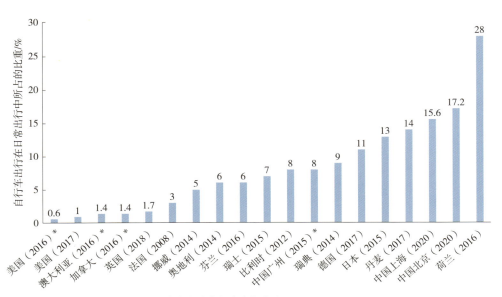

图1-1-1　部分国家和城市居民日常出行中自行车出行占比

注：数据根据对每个国家和城市最新的旅行调查，在每个国家和城市名称后的括号内注明调查年份。图中所示的出行方式比例反映了所有目的旅行，但标有星号（*）的国家和城市数据为通勤出行。原始数据来源于各国交通和统计部门。

来源：根据参考文献[4]中的数据和作者收集的相关数据绘制

17%，并且超过80%的丹麦人拥有一辆自行车[1]。自行车的流行得益于丹麦居民拥有较短的出行行程，在日常出行过程中，31%的行程短于2.5公里[2]。在德国（2008年），儿童（15岁及以下）、老年人（65岁及以上）、男性和女性每日采用积极交通出行30分钟以上的人群比重为30.3%、35.1%、27.8%和29.9%[3]，显著高于北美和澳大利亚。与此同时，在中国，部分城市的交通调查数据显示，自行车依然在大城市居民日常出行中占据较大的比重。然而，由于中国缺少国家层面的交通调查数据，因此无法估计全国的积极交通出行份额，相关结论也无法推广至中小城市。随着全球城市化和机动化进程，公共交通和私家车逐渐挤占了积极交通（尤其是自行车）的份额。总体而言，中国与西方国家积极交通发展的趋势相似，大致呈现"繁荣—衰落—复兴"三个阶段（图1-1-2）。

一、北美和澳大利亚

全球积极交通出行份额的下降很大程度上与各国的城市化和机动化（私家车的普及以及以小汽车为导向的城市开发）进程密切相关。20世纪20年代以来，随着私人小汽车的普及，以低密度和单一土地利用为主要特征的城市蔓延模式成为西方国家城市发展的主要模式。北美和澳大利亚是城市蔓延模式的典型代表。自20世纪20年代中期以来，美国城市蔓延率逐步上升，并在20世纪50年代以后开始加速。在20世纪90年代中期，城市蔓延达到顶峰，并自2000年以来逐渐下降到20世纪60年代的水平。城市蔓延的直接影响之一便是加剧了居民出行对于私人小汽车的依赖，降低了积极交通模式在日常出行中的地位。

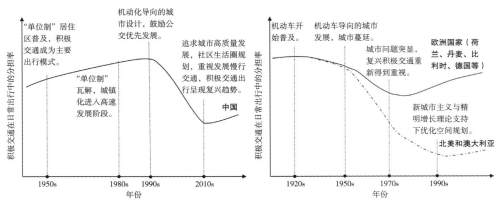

图1-1-2 中国和西方国家积极交通的发展趋势
来源：作者自绘

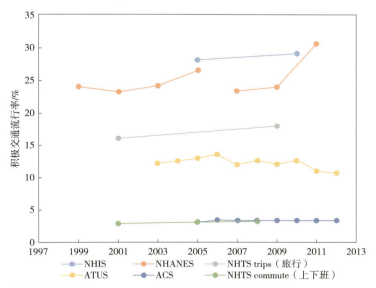

图 1-1-3　不同监测系统评估的 1999—2012 年美国居民积极交通出行比例
注：ACS——美国社区调查（American Community Survey）；ATUS——美国居民时间利用调查（American Time Use Survey）；NHANES——全美健康与营养调查（National Health and Nutrition Examination Survey）；NHIS——全美健康访谈调查（National Health Interview Survey）；NHTS——全美家庭旅行调查（National Household Travel Survey）。
来源：作者根据参考文献 [5] 的原始数据改绘

不同监测系统询问积极交通出行的方式　　　　表 1-1-1

监测系统	关于积极交通出行的问题
NHIS	过去一周是否有任何步行出行（any walking for transportation in the past week）
NHANES	1999—2006 年，在过去的一个月内，是否曾步行或骑自行车出行（any walking or bicycling for transportation in the past month）；2007—2012 年，最近是否有步行或自行车出行（any recent walking or bicycling for transportation）
NHTS trips	在某一天步行或自行车出行（any trips with a mode of walking or bicycling on a given day）
ATUS	在某一天，报告采用步行或骑自行车出行的任意交通活动（any activity reported as transportation while walking or bicycling on a given day）
ACS and NHTS commute	在过去的一周中，报告步行或自行车是主要的通勤方式（walking or bicycling reported as primary commute mode to work in the past week）

注：NHTS（全美家庭旅行调查）始于 2001 年，其前身为 1961 年开始的全国性的个人交通调查，即 Nationwide Personal Transportation Survey（NPTS）。进入 21 世纪，随着调研内容的扩大、变量的增添变化和人们对以家庭为单位交通行为的日益关注，原来的 NPTS 变成了 NHTS。

在北美和澳大利亚，积极交通的出行比例落后于许多其他发达国家。根据 2012 年《柳叶刀》（The Lancet）上发表的一篇研究显示，美国居民步行或骑自行车上班比重的估计范围为 4.0%~16.7%，且这一比重在很大程度上受到评估方法的影响[6]。图1-1-3展示了1999—2012年不同监测系统评估的美国居民积极交通出行比重的变化。可以看出，由于调查积极交通出行所采用的问题存在差异，评估结果也存在很大不同（表1-1-1）。尽管有较大比例的人群在出行中可能会考虑采用积极交通模式，但将步行和自行车作为主要出行模式，尤其是通勤方式的人群比重依然很低（低于5%）。第二次世界大战以后，随着机动车的大量普及以及城市的低密度蔓延，积极交通出行比重经历了大幅度的下滑。这种现象很大程度上因为低密度蔓延导致出行距离的增加，从而增强了居民对机动车的依赖。根据全美个人交通调查（NPTS）的结果，1969—2001年，居住在学校附近（1.6公里范围内）的学生比重由34.7%下降到19.4%。上学距离的增加直接导致采用积极交通模式（步行和自行车）出行的学生比重下降（由1969年的42%下降到2001年的16.2%），而乘坐汽车出行的学生比重有所增加（由1969年的16.3%增加到2001年的46.2%）[7]。这种出行距离的变化也与教育政策的变化有关，例如允许学生前往更远的学校求学而不是将他们限制在最近的学校，以及将学区合并从而增加了上学的距离。在加拿大和澳大利亚，积极交通出行的现状和趋势与美国相似。从1986—2006年，大多伦多地区13~15岁青少年群体中积极交通出行的降低8.6%，而乘坐私家车出行的比重由22.1%提升至39.7%（图1-1-4）。这种转变受到父母（和监护人）私家车出行比例提升的影响。与此同时，16~19岁群体的日常出行也显示出由公交出行向私家车出行转变的态势。

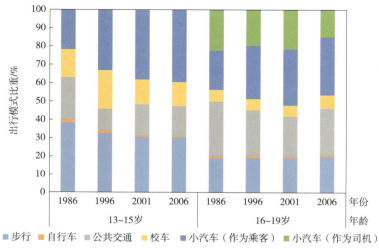

图1-1-4　大多伦多地区青少年出行模式变化
来源：作者根据参考文献[8]的原始数据改绘

然而，来自全美家庭旅行调查（NHTS）的最新证据表明，美国居民主动交通的出行比例呈现小幅度的上升趋势。从 2001 到 2017 年，美国居民人均步行和自行车出行量增长了 6%，步行和自行车的混合模式份额从 2001 年的占所有日常出行的 9.6% 上升至 2017 年的 12.9%。积极交通出行比例的上升被认为与城市规划策略有关。事实上，自 20 世纪 90 年代以来，城市的无限度扩张（蔓延）就已经引发了城市规划从业者和其他相关领域（例如公共健康）专业人士的关注。在此背景下，"新城市主义"和"精明增长"等理论也应运而生。在精明增长理念引导下促进城市的紧凑发展和土地的混合使用，创建支持步行和骑行的社区，建设安全便捷的自行车和步行出行设施等。这些策略不仅遏制了城市蔓延，同时提升了城市密度和可步行（骑行）性，为积极交通出行创造了更好的环境。例如，2001—2009 年，在整个大洛杉矶区域的步行出行份额提升了 4.42%，而步行出行的增加与人口、就业和交通（公交站）密度的增加相对应[9]。

二、欧洲

在欧洲，积极交通（尤其是自行车出行）同样经历繁荣—衰落—复兴三个发展阶段（图 1-1-5）。第二次世界大战以前，自行车已渗入社会的各个阶层，几乎每个家庭拥有至少一辆自行车，自行车出行在欧洲各国保持着很高的比例。然而，随着私人小汽车的普及和以机动化为导向的城市开发的盛行，积极交通出行比例急速下降。例如，在 20 世纪 30 年代，英国的交通规划思维转向"预测和提供（Predict and Provide）"，即推算出行需求，并提供满足出行需求的交通服务和基础设施。这种规划思维推动了机动车导向的城市开发，促进了私人小汽车的普及。在 20 世纪 60 年代，为缺乏私家车的群体（"无车者"）维持公共交通需求被整合到 1968 年的《运输法》之中。无论是在鼓励机动车出行还是维持公共交通服务的规划政策和思维当中，自行车出行往往是被忽视的，甚至在"汽车现代主义"中被认为是过时的。与此同时，城市扩张以及机动化导致人口郊区化以及工作和生活服务向城市外围转移，活动变得更加分散，而出行时间也越来越长。在此期间，法国多地自行车出行比例由 50%~60% 下降至 10% 以下，英国、荷兰、丹麦等国的自行车使用比例也出现大幅下滑[10]。

20 世纪 70 年代以来，欧洲各国政府开始关注大规模机动化所带来的城市社会和环境问题，例如交通事故、交通拥堵、空气和噪声污染以及久坐不动的生活

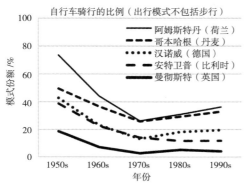
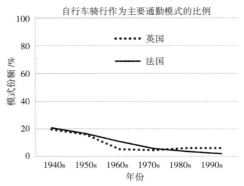

图 1-1-5 欧洲部分国家和城市自行车出行份额的变化
来源：作者根据参考文献 [11] 改绘

方式等。为了减少这些问题，政策制定者们开始致力于使用积极交通出行方式取代短途的机动车出行，尤其是促进自行车出行方式的复兴。总体而言，欧洲各国促进积极交通发展的策略主要分为三个阶段：1970—1990 年代，主要通过大规模建设自行车骑行与存放相关的基础设施促进自行车骑行；1990—2000 年代，各国的交通政策逐渐转向公共交通，并注重加强自行车出行与公共交通的整合，相关的策略包括在公共交通站点设置停车设施以及为公交车和列车等配置自行车车厢和车架等；2000 年以后，欧洲各国开始推行公共自行车系统，从而进一步促进自行车出行。通过一系列策略，积极交通（尤其是自行车）逐渐在欧洲各国复兴（图 1-1-5）。在丹麦，1998—2015 年自行车运动在全国增长了 10%，在哥本哈根增加了 30% 以上，而在 2007—2017 年，积极交通通勤比例从 71.8% 增加到 76.4%[12]；在德国，2002—2008 年，全国每日采用积极交通出行 30 分钟以上的人群比重由 24.8% 上升至 29%[3]。除了增加骑行的便捷性，荷兰、丹麦和德国等国家还通过提升骑行的安全性，从而保障自行车在女性、儿童和老年人中的高使用率，使自行车出行成为一项全民运动。

三、中国

在中国，步行和自行车出行曾经是居民最重要的出行方式。20 世纪 80 年代，中国自行车拥有量约占全球自行车总量的四分之一，成为名副其实的"自行车王国"。随着 1995 年中国自行车保有量达到历史最高峰值之后，在鼓励机动化和公共交通发展的需求下，许多城市采取了限制自行车发展的相关举措，从而导致汽车交通逐渐挤占了自行车和步行交通[13]。例如，1990年《城市公共交通当前产业政策实施办法》中提到在特大城市要将超出自行车最佳出行时间和距离的自行车出行吸引至公共交通，并根据不同情况提出控制、限制和禁止自行车骑行的措施；2002年《上海市城市交通白皮书》提出2005年全市自行车出行量比2000年减少25%的缩减目标。此外，城市扩张和职住分离导致居民日常出行（尤其是工作出行）距离和时间大幅增加。一项研究显示，2002—2012年的十年间，中国居民日常出行时间几乎翻了一番，增加了25.9分钟[14]。城市和交通管理政策的调整以及出行距离的延长导致积极交通不再适应当前的交通环境。在此背景下，常规自行车拥有量迅速下降，在1995—2001年的六年间减少了约33%[15]。在北京，从1986年到2015年，自行车出行在全部交通出行模式（在不考虑步行出行的情况下）中占比由62.7%下降至12.4%，而私家车出行分担率则由5%上升至31.9%（图1-1-6）。出行结构的变化也与居民日常出行距离的增加以及城市建成区的扩张趋势密切相关（图1-1-7）。

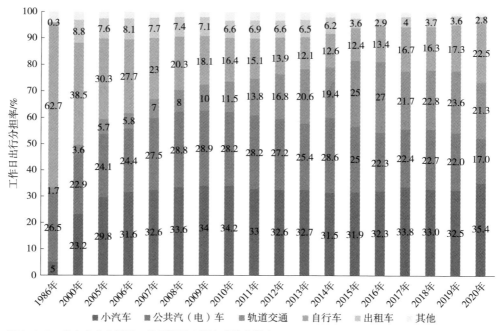

图1-1-6　北京市中心城区工作日不同交通方式的分担率
注：2015年为通勤出行，数据来源于各年份的北京交通发展年报，不考虑步行出行
来源：作者自绘

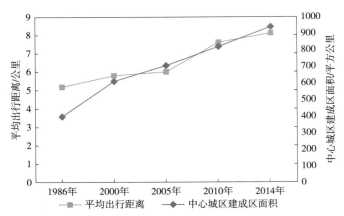

图 1-1-7　北京中心城区建成区面积与居民平均出行距离变化
来源：作者根据北京市第五次综合交通调查成果绘制

随着交通拥堵、碳排放和环境污染等城市交通问题的加剧，积极交通对于城市可持续发展的重要性得到了广泛的关注。2012 年，住房和城乡建设部等三部委印发了《关于加强城市步行和自行车交通系统建设的指导意见》，对各城市积极交通发展提出了新的目标和挑战；2013 年，《城市步行和自行车交通系统规划设计导则》的印发，为积极交通规划、设计提供了依据。此外，各级城市也分别通过一系列规划和非规划策略提升积极交通出行的比重。以北京为例，早在 2005 年北京市委市政府发布的《北京交通发展纲要（2004—2020 年）》中，就对以小汽车主导的城市和交通发展模式进行了调整，提出了建设"新北京交通体系"的新目标以及"以人为本的交通服务宗旨"的新理念；在随后的《北京城市总体规划（2004 年—2020 年）》中，首次明确"步行交通和自行车交通在未来城市交通体系中仍是主要交通方式之一"；与此同时，为了贯彻《北京交通发展纲要（2004—2020 年）》中对于城市慢行交通发展的相关要求而编制的《北京城区行人和非机动车交通系统设计导则》成为北京市最早的把慢行交通单独加以规划设计的指导性文件。在城市规划和管理实践方面，2012 年，北京市政府重新开展公共自行车租赁试点，试图在 2015 年在全市建成 1000 个左右租赁服务站点；基础设施建设也是慢行交通建设的重点，包括三环辅路自行车道和步道建设，以及北京首条自行车高速路（专用道）——回龙观至上地自行车专用路等建设项目。这些举措在一定上促进了积极交通出行比例的回升。在 2015—2019 年，北京中心城区自行车出行比重呈现逐年上升的趋势，并在 2020 年新冠疫情期间自行车交通承担率进一步提升（图 1-1-6）。

第二节 积极交通出行的复兴案例

一、丹麦国家自行车战略

丹麦有着悠久的自行车骑行传统,是公认的自行车王国之一。随着机动化的发展和私人小汽车的普及,自行车交通量在 1990 年以后持续下降,到 2000 年趋于稳定,但十年间已经下降超过 10%(图 1-2-1)。为了保留自行车文化,更好地促进自行车出行,丹麦交通部(丹麦语 Transport Ministeriet)于 2014 年 7 月发布了新版的国家自行车发展战略,即《自行车上的丹麦——国家自行车战略》(*Denmark—on Your Bike! The National Bicycle Strategy*)。该战略旨在通过城市规划、交通政策以及教育等手段鼓励自行车出行,形成良好的以自行车为中心的生活方式与文化氛围。

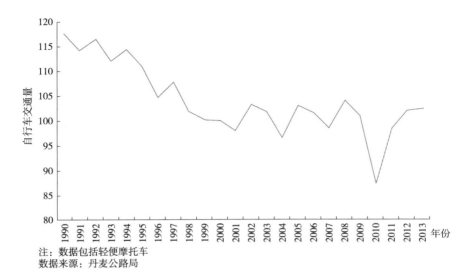

图 1-2-1 1990 年以来丹麦自行车交通量的变化趋势(2000 年数据为 100)
注:图中数据来源于丹麦公路局,数据包括轻便摩托车
来源:作者根据丹麦国家自行车战略改绘

丹麦国家自行车战略框架建立在三个支柱上（图 1-2-2），每个支柱都包含一些具体举措，以支持并促进自行车出行，从而创建更有利于交通、环境和公共健康的骑行环境和骑行文化。

（一）每日骑行

"每日骑行（Everyday Cycling）"旨在促进以自行车为工具的日常出行，增加流动性，从而实现更清洁环境和更良好气候的目标。将自行车作为更环保的交通解决方案，促进自行车与火车和公共汽车等其他交通模式的整合，从而使得人们更多地选择自行车作为出行模式，减少汽车使用。为了鼓励"每日骑行"，丹麦交通部制定了一系列专门措施。针对"每日骑行"的专门措施可以划分为"门到门战略"以及"提升短/长途骑行吸引力"两个方面。

"门到门战略"旨在通过将自行车与公共交通整合起来，从而在两种交通模式间建立一种良好的连接关系，以减少汽车出行。根据丹麦国家出行调查（2010—2013 年）的数据，尽管丹麦积极交通（步行与自行车出行）出行的比重

图 1-2-2　丹麦国家自行车战略框架
来源：作者根据丹麦国家自行车战略改绘

达到33%，但小汽车出行的比重很高（约为59%），远超过公共交通出行的比重（公共交通出行约为6%，公共交通与自行车联合出行约为1%）（图1-2-3）。这意味着实施"门到门战略"，对于提升自行车和公共交通出行比重，吸引小汽车客流而言具有较大的发展潜力。自行车可以扩大公共交通的集水区（将吸引范围扩大到车站周边区域以外），而公共交通则可以有效增加积极交通出行的距离。两者的有效结合可以提供更具吸引力的出行解决方案。"门到门战略"具体化的实施内容包括：①提供良好的自行车停放设施和条件，包括确保自行车架设置在车站和站台区域顺畅的路径上，确保自行车架数量充足，保障自行车的停放安全；②改善自行车通勤机会和环境，包括在自行车高速路和公共交通的连接点、新车站以及其他骑行车较多的位置设置足够的自行车停放点，允许特定情况下（例如非通勤高峰时段）携带自行车乘坐轨道交通；③提升雇主对自行车通勤和通勤者的关注和投入，要求工作单位承担更多的鼓励和支持员工自行车通勤的责任，包括提供良好的停车设施、更衣室、淋浴设施、毛巾以及自行车维修服务等，制定员工容易与工作相结合的自行车通勤计划，为员工购买和提供通勤自行车（政府将会通过减免公司税收的方式鼓励购买员工自行车的行为）。

"提升短/长途骑行吸引力"旨在通过良好的可达性和骑行线路吸引更多的人群在长途和短途出行中使用自行车。在丹麦，除了部分大城市以外，所有城市的建成区面积均在49平方公里（7公里×7公里）以内，这意味着任何一个中小城

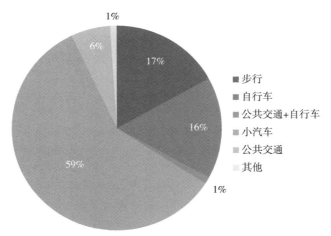

图1-2-3　丹麦居民日常出行主要交通模式的分担率
来源：丹麦国家自行车战略

市的居民都可以在15分钟内从任意区域骑行到市中心。这表明在任何城市，自行车都能成为汽车的良好替代品。"提升短/长途骑行吸引力"具体化的实施内容包括：①提升自行车骑行的可达性，以居住区为中心，打造1~4公里可达商店，3公里可达学校，4公里内可覆盖工作和社会服务，紧凑的骑行城市；②改善自行车高速路，通过建设自行车交通绿波系统、划分快车道与舒适车道、改善自行车高速路的灯光标志、增设自行车停放设施、设立服务站以及隔离骑行车和行人等方式，提升自行车在长距离通勤过程中替代小汽车的潜力和优势；③传播自行车城市的理念，除采用"3+"规划手段之外，实施推广自行车运动、发布自行车线路信息以及招募城市自行车宣传大使等"软"措施，推动自行车城市运动；④保障自行车骑行的优先权，在部分交叉路口允许自行车红灯右转，并根据实施效果推广。

（二）积极出行的假期和娱乐

"积极出行的假期和娱乐"战略旨在通过改善基础设施、提升可达性以及创造骑行新体验等举措为休闲娱乐自行车出行创造更好的条件，从而增加度假和娱乐项目中自行车的使用，创造更健康的生活方式以及更具吸引力的骑行新体验。根据丹麦旅游局的数据，2011年约有120万名自行车骑行游客到访丹麦，与2008年相比增加了15%。2011年，自行车骑行游客为丹麦经济贡献了约55亿克朗，显示出改善自行车旅游条件的潜力。针对"积极出行的假期和娱乐"的专门举措可以分为"自行车娱乐出行措施（Cycling as a hobby: Recreational cycling routes for active leisure）"和"自行车旅游出行措施（Experiences on two wheels: Greater investment in bicycle tourism）"两个方面。

"自行车娱乐出行措施"旨在让更多的人加入和享受骑行娱乐体验，增加与自然环境的接触以及锻炼机会，创造健康的生活和娱乐方式。具体化的实施内容包括：①提供更好的自行车道路标识，包括改善现有标识并提供醒目的线路标识，要清晰地指向旅游和历史文化兴趣点，改善和协调娱乐旅游自行车道路网与丹麦国家自行车路网标识；②改善骑行线路，包括标识、路径、路面、命名、编号和信息数字化等，协调娱乐和旅游自行车道路与区域和国家自行车道路的规划和建设；③规划建设更多的娱乐自行车骑行线路，并整合骑行线路与各种休闲活动，例如乡间的休闲骑行、森林中的山地自行车运动等。

"自行车旅游出行措施"旨在通过促进自行车旅游，保持和扩大丹麦在吸引自行车游客竞争中的强势地位。作为全球知名的自行车国家，自行车骑行在丹麦旅游业中扮演着重要的角色。根据骑行和度假行为特征以及需求层次的差异，丹麦政府将自行车游客划分为两类：一类是部分时段（Part-time）自行车游客，占丹麦骑行游客的75%，倾向于短途骑行或在景点骑行，例如携带孩子骑行一日游。另一类是全时段（Full-time）自行车游客，占丹麦骑行游客的25%，倾向于10公里以上的长途骑行并使用专门的跨地区（国家）的自行车线路，骑行频率更高且拥有专业的自行车和设备。针对自行车游客的专门举措包括：①扩展国家自行车路网，并将路网延伸到乡村和小岛，以扩大自行车旅游范围；②组建专家团队，为丹麦打造具有吸引力的自行车旅游目的地献计献策，包括旅游线路策划、配套设施和服务规划等；③设立年度最佳自行车旅游方案奖，通过该奖项在全国范围内鼓励制定、推广和实施自行车旅游方案和计划。

（三）儿童和安全的骑行者

"儿童和安全的骑行者"旨在为骑行者（包括儿童）创造安全的骑行环境，鼓励他们采用自行车出行并从中获得收益（例如增加儿童的体力活动），从而营造良好的自行车文化。自行车骑行者是最脆弱的道路使用者，每公里的伤亡风险是私家车驾驶员的五倍。因此，要吸引人们将自行车作为日常的出行工具，提升自行车出行比重就必须让骑行者在骑行中感受到安全和舒适，从而促进骑行并使更多的自行车骑行者受益。针对"儿童和安全的骑行者"的专门举措包括"鼓励儿童和青少年骑行"以及"营造良好的骑行文化和骑行体验"两个方面。

"鼓励儿童和青少年骑行"旨在为儿童和青少年提供安全可靠的骑行环境，改善他们对骑行安全的感知，从而促进他们在上学和休闲活动中使用自行车，培养未来的骑行者。"鼓励儿童和青少年骑行"具体化的实施内容包括：①支持为通学和娱乐活动开发自行车专用道，分隔自行车道与机动车道，（当国家道路和自行车专用道都可以成为上学路线时）优先建设用于上学的自行车专用道；②开展"上学骑行城市活动（School Cycling Cities）"，注重连贯的道路安全解决方案并确保上学骑行的安全，例如试行行人专用区或减速区、学校巡逻等。

"营造良好的骑行文化和骑行体验"旨在通过规划和交通管理策略提升骑行安全，开发道路安全和良好骑自行车文化的教育宣传工具，以营造良好的骑行安全文化氛围。具体化的实施内容包括：①开展自行车安全专项行动倡议，降低交叉路口小汽车行驶速度，提高骑行者在路口的可见性，采取多种措施降低骑行右转弯事故,制定自行车骑行者与驾车者行为规则和道路设计与改造(包括信号灯、停车线、停车区)措施,设置安全设施改善铁路道口安全;②使用信息技术和宣传工具教育、推广并帮助骑行者更好地理解道路自行车安全知识,培育优秀自行车文化,包括使用自行车头盔、车灯和反光镜,在卡车司机右转弯的视觉盲区注意安全等细节教育,并帮助中小学生更好地理解自行车交通文化。

二、德国国家自行车战略

在德国,经过长期的实践与理论总结,从自行车交通法规、设计和管理,到促进自行车交通政策,逐步形成了一套系统而完善的体系。促进自行车交通作为可持续的综合交通政策的一部分,已经提升为德国促进可持续发展的国家战略。

(一)德国自行车交通复兴历程

在德国,自行车经历了从繁荣—衰落—复兴的发展历程(图 1-2-4)。随着汽车工业的发展和私人小汽车的普及,"二战"后至 20 世纪 60 年代,德国自行车交通环境急剧恶化,自行车被认为是一种过时的交通工具。然而,得益于自行车的灵活性和环保特征,在 20 世纪 70 年代以后,环保概念的崛起让人们重新重视自行车发展。1979 年,德国联邦环境委员会提出"适宜自行车的城市"发展策略,并在 130 多个城镇开始规划自行车道网络。同年,德国自行车俱乐部(ADFC)成立,现已有超过 13 万名会员,为自行车交通改善付出了积极努力。20 世纪 80 年代后期,德国联邦政府将步行、自行车和公共交通综合发展作为长远目标,着眼于环境友好的综合交通系统。自行车与公共交通的融合成为关键。一些城市如波恩(1984 年)、不莱梅(1986 年)等开始引入"搭载自行车的公共汽车"系统。这些系统在周末和假日运营。20 世纪 90 年代,德国铁路推出"自行车搭乘

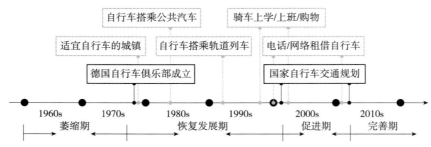

图 1-2-4　德国自行车复兴阶段
来源:作者根据参考文献 [16] 改绘

轨道列车"项目，将自行车与城市轨道交通结合，允许自行车搭乘短途轨道列车。2002 年，在德国自行车俱乐部的推动下，德国政府提出全国自行车交通规划（NRVP），支持促进自行车交通。联邦与州、地方政府合作，推出多项自行车促进计划，如德国铁路的"电话租借自行车"项目和企业合作的"自行车与企业"以及"骑车去上班"。类似的项目在柏林、慕尼黑、法兰克福等城市推广。在城市和农村，发展适宜骑行的道路已成为实现德国可持续发展目标的重要举措。

（二）德国自行车交通法规管理与规划设计

德国以其丰富的经验为借鉴，通过详细的法规管理、科学的规划设计以及自行车与公共交通的结合，为自行车交通的发展创造了良好的环境。合理的法规框架和交通标识保障了自行车交通的秩序和安全，细致的基础设施规划设计满足了不同使用者的需求。此外，自行车与公共交通的结合，不仅改善了城市交通环境，还促进了可持续交通方式的发展。德国在自行车交通管理与规划方面的经验，为其他国家提供了有益的借鉴。

第一，在交通管理过程中精准定位自行车使用者及其需求。根据骑行行为特点，德国将自行车骑行者划分为两大类，包括日常骑行者（儿童/青少年、成年人、老人）和自行车活动者（自行车旅行者、自行车运动者、山地自行车者）。针对不同类型骑行者的不同需求（表 1-2-1），德国将这些需求分为必须（非常重要）和争取（争取达到）两种程度。在城市交通中，根据不同自行车使用对象及其需求的差异，制定相应的自行车交通法规与规划。

第二，构建完善的自行车交通法规和管理制度。德国构建了完善的针对自行车骑行的交通法规和相关管理制度，旨在规范骑行行为，确保骑行的安全性与便捷性。

（1）德国自行车交通法规框架。德国将自行车交通法规纳入现行的城市交通法规体系中。交通法规从总体到专项主要分为三个层级：第一级为城市道路、乡村公路、高速公路的基本规划和道路指南；第二级为步行、自行车、公共短途客运交通等独立交通方式的规划指导建议；第三级为各类交通方式专项问题的深化建议。其中，自行车交通法规框架也分为三个层级，包括总体规划、具体规划指导建议和各类专项细则建议。这些规划涵盖了自行车交通的各个方面，从总体布局到具体细节都有明确的指导。2009 年，德国修订了《自行车交通设施指导建议》（ERA09），强调系统性和与城市道路法规的兼容性。该指导建议关注自行车交通

德国自行车使用者类型及其需求划分　　　　　　表 1-2-1

需求	日常骑行者			自行车活动者		
	儿童/青少年	成年人	老人	自行车旅行者	自行车运动者	山地自行车者
社会安全	■	■	■	□		
与机动车分离	■	□	■	■		□
轻微的弯路	■	■	□			
平稳良好的固定表面	■	■	■	□	■	
两条平行车道可通行		■	□	■		
风景良好				■		□
高速度					■	
不固定的路线						■
上升和下降的路线						■
路标指示	□	■	□	■		■
非常重要■　　　争取达到□						

来源：作者根据参考文献 [16] 改绘

质量保障，包括可测性和保证程序。

（2）自行车交通标识。德国道路交通法规中规定了多种自行车道路交通专用标识及其相关的交通管理措施。这些标识明确了机动车和自行车交通，以及自行车骑行者与步行者的关系。自行车专用带和自行车保护带是维护自行车交通在城市道路上通行权利与安全的基本方式。自行车专用带是只能由自行车使用的道路，通常带有自行车标识；自行车保护带允许机动车短时间通过，在交叉路口或节点设置穿越标识。此外，德国还设置了自行车专用道，通过自行车专用道标识在街道两端显著标明。

（3）自行车交通法规。德国的自行车法规包括了自行车硬件要求、骑行者的权利义务、儿童上路的规则以及违规处罚等。自行车必须满足一定的硬件配置，如刹车、前后灯和车铃，驾驶者通常要佩戴头盔。自行车交通法规还规定了在道路上的行为规范，包括道路选择、速度限制、儿童骑行规定等。此外，德国对酒后骑行的处罚相当严厉，违反交通规则的行为会受到扣分和昂贵的罚款处罚。

第三，自行车友好的交通基础设施规划设计与管理。自行车交通基础设施规划设计的目的是满足自行车使用者的安全和便捷需求，促进自行车交通的发展。

（1）自行车交通规划原则和指南。德国城市自行车交通规划的原则包括自行车与步行交通构成的非机动交通系统平等地位，自行车交通网络密集封闭，基础设施设计满足自行车交通需求。自行车交通规划由总体规划、具体规划指导建议和专项细则建议构成。总体规划基于城市道路规划指南，根据不同区域和交通需求统筹规划各类交通方式。具体规划指导建议和专项细则建议可以通过《自行车交通设施指导建议》和其他设计规范完善自行车交通运行系统。

（2）自行车交通管理方式。德国在城市道路上合理选择自行车交通管理方式，主要有混合、部分分离和分离三种。管理方式与自行车通行道路与机动车道路的关系有关。自行车管理方式包括让自行车与机动车混合行驶、部分分离行驶和完全分离行驶。这些管理方式旨在保障自行车交通安全和顺畅通行，并与其他交通方式和谐共存。

（3）自行车道路空间尺度。自行车交通道路空间尺度根据骑自行车者数量和自行车类型来确定。德国将道路空间尺度分为交通空间、舒适空间和安全空间。交通空间是基于自行车的高度和宽度得出的基本运动空间尺度；舒适空间在基本交通空间之外，考虑额外安全空间；安全空间是自行车交通设施与其他设施之间的安全间距。

（4）自行车与公共交通的结合。德国城市交通部门提出了自行车与公共交通相互结合的新理念，旨在促进公共交通的使用（图1-2-5）。这包括三种组合出行模式：自行车—公共交通（自行车用来到达公共交通站，其重点是自行车在车站的停车设施）、公共交通—自行车（离开目的地车站后，使用自行车抵达最终目的地）和自行车＋公共交通（自行车用来到达和离开公共交通站，且公共交通可以搭载自行车）。德国通过三种自行车与公共交通的组合模式和相应的措施，鼓励人们使用自行车进行短途交通，同时提高公共交通的使用率和服务质量。

（三）国家自行车计划3.0版

2021年，德国联邦政府通过了《国家自行车交通计划3.0》（NRVP 3.0），旨在进一步推动有序发展自行车交通。此举被认为是德国对于可持续交通的承诺，特别是在疫情影响下，自行车使用频率迅速增加。

《国家自行车交通计划3.0》为德国自行车交通发展制定了具体规划，涵盖了多个方面。①自行车基础设施建设：计划在全国范围，特别是乡村地区建设更多完善的自行车道路网络，以促进自行车出行。②自行车快速路建设：计划在大城

图 1-2-5　整合积极交通与公共交通的多式联运交通微枢纽案例（德国慕尼黑）
来源：作者根据参考文献 [17] 改绘

市之间修建多条自行车快速路，提升长距离自行车通勤的便捷性。③货运自行车推广：在城市运输和经济领域增加货运自行车的使用，减少交通拥堵和环境压力。④自行车停车设施建设：建设更多自行车停车设施，提高自行车停放的便利性。⑤自行车文化塑造：进一步塑造和完善自行车文化，促进自行车与公共交通方式的结合。⑥道路规划分离：在进行道路规划时明确将自行车和汽车的行驶路线分开，提高交通安全性。

该计划的主要目标包括建设无缝自行车基础设施、实现自行车通勤、将自行车融入现代交通体系、在城乡地区普及自行车、实现自行车交通事故的零死亡或重伤（Vision Zero）、发展城市自行车货运、将德国打造成自行车王国以及推动自行车智能化。当前，德国自行车保有量约为 7800 万辆，约 80% 的家庭拥有至少 1 辆自行车，30% 的家庭拥有 3 辆或以上自行车。通过《国家自行车交通计划 3.0》，德国将进一步发展自行车交通，争取在 2030 年前实现人均每年骑行次数从 120 次增加到 180 次的目标。这不仅将对环境政策目标产生积极影响，还将使自行车成为德国可持续发展交通体系的核心组成部分。

为了实现该计划，德国各级政府将在自行车交通领域的财政支持额度提高至人均每年 30 欧元，较以往增加一倍。联邦政府还将在 2023 年前拨款 14.6 亿欧元，以支持自行车交通的发展。此外，德国还将加强对机动车道路交通违章行为的处罚力度，对违规停车行为的最高罚款额度将提升至 110 欧元。

三、哥本哈根市自行车战略 2011—2025

丹麦首都哥本哈根是全球知名的自行车友好城市，也是欧洲"环境之都"。在哥本哈根市（The City of Copenhagen）97 平方公里的土地上，拥有 67.2 万人口以及 67.8 万辆自行车，达到了人均一辆自行车的水平。当前，哥本哈根市正处于城市转型过程中，其发展目标是成为"世界上最好的自行车城市"。哥本哈根市在推动自行车运动复兴和发展过程中的战略构想和相关政策可以为全球其他国家的自行车交通发展政策、目标和规划方案的制定提供参考。

（一）哥本哈根市自行车发展的前期政策

哥本哈根市的管理者认为，打造自行车城市可以创造更大的活动空间，实现更宁静的环境、产生更清洁的空气、创造健康的居住环境、带来良好的经济状况。这种城市环境能够提高生活质量，使人们更近距离地亲近自然，参与文化、体育活动和购物。自行车交通在城市规划中扮演着实现"更有生活价值的城市"的重要角色。

在早期，尽管丹麦拥有深厚的自行车文化，但在 1950—1975 年，受小汽车影响，自行车出行比例下降了三分之二。直到 20 世纪 70 年代中期，通过交通和城市规划的努力，自行车出行才开始复苏。哥本哈根自行车规划起初未受重视，直到 1997 年的《城市交通和环境计划》提出了旨在遏制汽车增长，促进自行车出行的举措，包括规划绿色自行车线路、建设通向市中心的连线、自行车骑行安全行动、改善自行车停车设施等内容。1997 年，哥本哈根还制定了《自行车道路优先计划》。随后，2000 年的《城市交通改善计划》中的《自行车出行条件改善子计划》成为所有自行车政策的基础。该计划首次将哥本哈根自行车交通发展作为财政预算项目，并规定了数量目标要求[18]。2000 年，哥本哈根提出了《绿色自行车线路建议》。2001 年，该市推出了《哥本哈根交通安全计划》，致力于在 2012 年前减少自行车交通伤亡人数 40%。2002 年，哥本哈根发布了《哥本哈根自行车政策》，提出建立小汽车分时禁行区，完善自行车道标志系统、方向标志和交叉口安全设计等内容。随后，2002 年，哥本哈根市政府发布了第一部专门的自行车发展政策，即《哥本哈根市自行车政策 2002—2012》。该政策的总体目标包括提高自行车工作和教育出行比例、减少交通伤亡、提升骑车感安全感、提升自行车骑行速度以及降低道路不满意率等。

在基础设施方面，随着20世纪60年代、70年代自行车道路网络的快速扩张，哥本哈根持续建设了近一个世纪的自行车道路网络基本完成。自行车出行占工作和教育出行的比例稳步增长（图1-2-6），在2006—2010年保持在36%左右（图1-2-7）。2014年，工作和教育出行中自行车出行比例达到了45%。哥本哈根在自行车政策方面取得了显著的进展，不仅提升了居民的生活质量，还促进了城市的可持续发展。

（二）《哥本哈根自行车战略2011—2025》实施

2010年，哥本哈根首都区启动了自行车网络规划合作项目，以打造世界顶级的自行车骑行区域。该项目由17个地方和政府当局参与，以提供快速、舒适、安全的自行车服务为目标。2011年完成的项目内容成为哥本哈根市自行车战略的一部分。该战略在2011年发布，有效取代了之前的自行车政策。战略的核心目标是确保哥本哈根成为"全球最佳自行车城市"，为未来15年的自行车发展规划提供指导。

《哥本哈根自行车战略2011—2025》的核心目标是将哥本哈根发展为"最好的自行车城市"。该目标可以进一步分解为"更好的自行车城市"和"更有生活价值的城市"，且前者是后者的重要内容，同时也是"环境之都"愿景的关键部分。该战略旨在到2025年实现CO_2排放的平衡。《哥本哈根自行车战略2011—2025》的战略目标可以进一步细分为"城市生活""舒适便利""速度"和"安全感"四个子目标，并通过措施和指标来具体化实施。

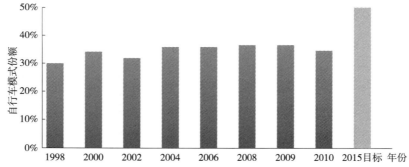

图1-2-6 1998—2010年，哥本哈根市工作和教育出行过程中自行车模式份额
来源：《哥本哈根自行车战略2011—2025》(The City of Copenhagen's Bicycle Strategy 2011—2025)

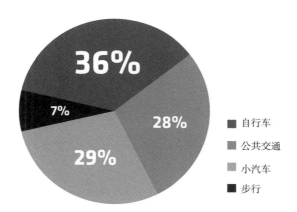

图 1-2-7　哥本哈根市工作和教育出行中不同出行模式的分担率（2006—2010 年均值）
来源：作者根据《哥本哈根自行车战略 2011—2025》(The City of Copenhagen's Bicycle Strategy 2011—2025) 改绘

（1）核心举措："网络+"，构筑自行车网络。"网络+"作为核心措施，通过构建、改善和优化自行车道路网络来支撑战略目标的实现。重点是建设绿色自行车线路、自行车高速路，改善和优化拥堵路段和交叉口状态，增设自行车桥梁和延伸线，确保骑行安全舒适，实现"骑行中的交流"。建设目标是实现单向 3 车道的自行车道比重达到 80%。

（2）子目标 1：城市生活——营造宜人环境。"城市生活"子目标旨在通过改善城市街道景象和体验，增强骑行吸引力，使城市更安全美观。措施包括建设货运三轮车停车位，鼓励骑车购物，设计步行和自行车友好的街道，并利用智能交通系统调整交通节奏。

（3）子目标 2：舒适便利——提升自行车便利性。"舒适便利"目标旨在增加自行车道路和设施的吸引力。包括维护优良的自行车道路，推广新公共自行车系统，建设更多停车设施，使骑行更加方便。到 2025 年，哥本哈根的自行车道路将实现平稳的骑行，公共自行车系统将与公交系统融合。

（4）子目标 3：缩短出行时间——提高出行效率。为促进自行车出行，缩短出行时间成为关键竞争要素。目标是到 2025 年，自行车将成为哥本哈根市区的最快交通方式，出行时间平均减少 15%。措施包括建立自行车信息系统、增设联络线、允许逆行、建设自行车道路捷径等。

（5）子目标 4：安全感——增强骑行安全。骑行安全感是选择自行车的重要因素。目标是到 2025 年，骑行者的安全感从 2010 年的 67% 提升至 90%。措施包括建设绿色和蓝色的自行车道路，容纳多样化的骑行习惯，建设自行车专用道路，合理布局自行车停车位，采用简单方法提高骑行者的可见度。

《哥本哈根自行车战略 2011—2025》设定了实现目标的指标，包括自行车出行比例和骑行质量（表 1-2-2）。通过一系列措施，如构筑完善的自行车网络、改善城市环境、提高出行便利性、缩短出行时间和增强骑行安全感，哥本哈根致力于成为世界顶级自行车城市。

哥本哈根市自行车发展战略指标　　　表 1-2-2

具体目标	2015 年	2020 年	2025 年
工作和教育出行中自行车出行分担率（2010 年：35%）	50%	50%	50%
质量目标			
单向三车道自行车道的比重	40%	60%	80%
与 2010 年相比自行车出行时间减少	5%	10%	15%
哥本哈根居民中认为自行车出行安全的比例（2010 年：67%）	80%	85%	90%
与 2005 年相比，严重受伤的骑行者数量下降	50%	60%	70%
哥本哈根骑行者认为自行车道维护良好的比重（2010 年：50%）	70%	75%	80%
哥本哈根居民中认为自行车文化对城市大气环境产生积极影响的比例（2010 年：67%）	70%	75%	80%

来源：《哥本哈根自行车战略 2011—2025》（*The City of Copenhagen's Bicycle Strategy* 2011—2025）

四、阿姆斯特丹自行车发展政策

（一）荷兰阿姆斯特丹的骑行现状

荷兰首都阿姆斯特丹以其出色的骑行文化而闻名。阿姆斯特丹拥有 84.7 万辆自行车，2015 年居民的骑行总里程达到 7.6 亿公里，与 2010 年相比增长了 56%。自行车是阿姆斯特丹的生活方式的一部分，也是城市交通的主要组成部分。自 20 世纪初以来，阿姆斯特丹一直在推动自行车革命，使其成为城市中最重要的交通方式之一。随着城市发展和区域密集化的不断增加，自行车的重要性也随之进一步提升。然而，尽管骑行文化繁荣，但 28% 的阿姆斯特丹市民表示他们缺乏足够的骑行空间。

为了促进骑行，阿姆斯特丹已经投入了大量的资金用于自行车设施的建设和改善。这包括在轨道交通站点附近增加自行车停车位、扩大自行车道、提高骑行者的安全感、提供更多的连接点等。这些投资将有助于维持自行车的可持续性，并减轻了对公路和铁路扩张的需求。

阿姆斯特丹近年来经历了人口和就业岗位的增长，但总出行量保持不变。这是因为越来越多的人选择骑自行车，而汽车和公共交通的使用量下降。为了应对未来的交通挑战，阿姆斯特丹迫切需要解决以下问题：

挑战1——骑行空间不足。阿姆斯特丹面临的主要挑战之一是空间不足。狭窄的道路上，自行车、行人、有轨电车、公共汽车和汽车争夺有限的空间，导致严重的交通问题。为了保持骑行的吸引力，需要提供更多的空间，这可以通过改善基础设施、扩大自行车道和建造新的自行车停车位来实现。

挑战2——自行车停车问题。改善停车设施是一个重要问题，不仅涉及自行车停放，还包括汽车停泊、货物装卸和公共空间的设计。阿姆斯特丹已经采取了一系列措施来改善停车设施，包括限制停车时间、建设新的自行车停车位以及合理利用现有停车空间。此外，引入自行车共享计划也是一个解决方案。

挑战3——拥堵的自行车道。在城市中心，空间有限，需要确定交通方式的优先级。阿姆斯特丹已经制定了规划，明确了每条街道的交通优先级。在最繁忙和最窄的自行车道上，也有改善计划。然而，实施这些计划需要面对许多困难的决策，如是否废除汽车停车位、允许汽车使用电车通道等。

挑战4——应对骑行新趋势（骑行2.0）。为了提高骑行的可持续性，阿姆斯特丹正在尝试一些新的解决方案，包括自行车共享、优化公共交通系统、改变骑行者的行为等。城市需要关注骑行体验，研究繁忙的交通对骑行者的影响，并推广骑行行为规范，以提高安全性和效率。

总体而言，阿姆斯特丹在维护其骑行文化、解决交通问题和提高城市可持续性方面面临挑战，但通过投资自行车设施、改善停车设施、优化交通规划和鼓励骑行，这座城市正在积极应对这些挑战，以确保自行车继续在城市中扮演重要的角色。

（二）骑行友好的城市设计

自行车在解决阿姆斯特丹的交通问题中扮演着关键角色。尽管如此，先前的城市规划和建设仍然以汽车为中心，自行车友好的高密度城市设计尚未充分发展。然而，在阿姆斯特丹，规划思维已经开始发生重大变革，以自行车为中心的城市规划与设计为自行车发展创造了良好的环境。自行车停车场建设已经成为常态，创新的交叉口设计最大程度地提高了骑行空间和流量，交通信号灯的相位设计也根据骑行优先原则进行了优化。阿姆斯特丹正在探索自行车和小汽车共享道路权的新模式，在这些共享街道中，自行车被赋予了优先权，汽车被视为"客人"。

（1）新一代自行车停车场的发展。优质的自行车停车场已成为荷兰的标准配置。15年前，阿姆斯特丹建造了第一个大型地下自行车场，这些基本的功能性设计得到了成功验证。自此以后，车流设计的专业知识在自行车停车场的设计中变得越来越重要。如今，最优秀的建筑师被委托设计新一代自行车停车场，这些停车场舒适高效且具有吸引力。荷兰各地正在推动自行车停车设施的发展。为了帮助骑行者识别停车设施，乌得勒支、阿姆斯特丹等各地铁路正在推进停车标志的标准化工作。此外，乌得勒支还在乌得勒支中央车站建设全球最大的自行车停车场，配备数字系统指示闲置泊位，这些系统已成为新建停车场的标准。

（2）提供更多自行车骑行空间。随着城市拥挤度的上升，行人和骑行者的空间越发有限。阿姆斯特丹计划在未来几年内新建大量住宅，这将增加自行车出行量。为此，阿姆斯特丹提出了一些方案，如将内环打造成自行车走廊。试点结果显示，这种自行车街道改善了骑行体验，提高了交通效率。在这些街道上，汽车将成为"客人"，且最高行驶速度被限制。这一试点取得了显著成效，在平均车速下降的同时，自行车骑行速度略有上升，且骑行安全性和舒适性也得到了增强。

（3）繁忙交叉口的创新性改造。为改善繁忙交叉口的交通状况，阿姆斯特丹启动了"骑行促进计划"。通过摄像机数据和走访调查，设计团队对交叉口进行创新改造，改善骑行者的通行体验。这些措施虽然在设计和执行上花费了很短的时间，但对交通流量产生了重大影响。这种基于摄像机和大量走访的方式为交叉口设计带来了真正创新的措施，为自行车友好设计提供了新思路。

（4）给自行车让路。随着自行车数量的增加，原有的自行车道空间已不足以容纳日益增长的交通量。为解决自行车与汽车共享路权的安全问题，自行车道成为标准配置。然而，随着骑行者的增加，新的问题也出现了，例如骑行者忽视规则，侵犯他人路权的行为。阿姆斯特丹正在积极探索，让骑行者上路，同时为他们提供更多的互动空间，以适应自行车交通的复杂性。

（5）交通信号灯的调整。随着城市中汽车数量的减少，一些交叉口不再需要过多的交通信号灯。在特定地点，交通参与者能够自主协调，自由形成高效、安全的交通流。这种自主交通模式的出现代表着新趋势。

（6）支持自行车出行的城市规划和设计。近年来，越来越多的政策制定者和设计师认识到自行车的价值。自行车在紧凑型城市中提供了最快速、最灵活、最经济的出行方式。因此，在新建区域的城市规划中，规划师和设计师们开始优先考虑自行车出行，并采用"自行车优先"的设计理念，创建安全、清洁、宜居的城市环境。

紧凑型城市需要更多创新的自行车友好设计来满足不断增长的骑行需求。阿姆斯特丹的经验为其他城市提供了宝贵的借鉴，自行车已成为构建可持续城市的关键元素，未来的城市规划应更加注重自行车出行的需求。随着人口增长，阿姆斯特丹正在探索如何在城市规划中充分融入自行车，为未来的城市设计铺平道路。

（三）骑行对阿姆斯特丹城市发展的积极效应

阿姆斯特丹拥有近100万辆自行车，每天的骑行总行程约200万公里，骑行已成为这座城市增长最快的交通方式。除了人们健康和环境的受益外，骑行还带来了诸多经济价值。

（1）成本节约。2010—2015年，阿姆斯特丹总骑行里程增加了3亿多公里，这带来了超过1.2亿欧元的收益。更重要的是，骑行带来的经济效益大部分体现在汽车司机的出行时间节省上。因为更多人选择骑行，交通拥堵状况得以改善，节省了约600万小时的等待时间，带来约6000万欧元的经济效益。其他收益还包括公共交通成本的节省（约2700万欧元）、病假减少和骑行者寿命延长（约2500万欧元）。同时，骑行的增加还带来了环境收益，如减少二氧化碳排放和降低噪声水平，总计约1500万欧元的经济效益。

（2）用地空间的价值。空间是阿姆斯特丹的稀缺资源之一。清除市中心乱停乱放和废弃自行车耗费的1.5万欧元投资成本，创造了高达4.5万欧元的额外空间价值。另一个成功的商业案例是自行车诱导系统的建设和应用。在大型自行车停车场中引导骑行者免费停车，不仅节省时间，还提高了泊位利用率。这些系统在四年内就可以收回成本。

（3）自行车相关产业的增长。自行车产业也为城市带来了巨大的价值。仅在阿姆斯特丹，涉及自行车制造、销售、修理、出租或停放的企业提供近900个就业岗位，预计总收入将达到1亿欧元，净增值约为3500万欧元。自行车的经济价值不仅局限于自行车行业，还涉及旅游业、包装服务和送餐服务等。

（4）政策价值。政策和政治决策的价值难以简单计算，但以上数据和经济基础在一定程度上反映了自行车出行为个人、团体和城市带来的附加价值。这种骑行文化的推动不仅为阿姆斯特丹带来了实际经济效益，还有助于建设更健康、环保的城市环境。

五、伦敦步行和骑行城市建设

（一）伦敦市长交通战略

2018年《伦敦市长交通战略》（*Mayors Transport Strategy*）发布，该文件对未来20年的伦敦交通政策和建议进行了重塑和解读。伦敦交通战略目标是应对未来交通挑战，重点提升步行、骑行和公共交通，实现健康街道、优质公共交通和可持续增长。到2041年，伦敦预计将达到1080万人口，每日出行规模约3300万人次，因此，交通战略的关键目标是确保80%的出行由步行、骑行和公共交通组成，以及实现至2050年交通零碳排放。

《伦敦市长交通战略》包括三个关键主题：①开展"健康街道"运动，构建健康出行的城市街道网络，减少汽车依赖，促进健康出行和绿色出行；②打造良好的公共交通出行体验，提升公共交通出行分担率，最大程度减少私家车出行，降低机动车数量；③营造全新的居住和工作环境，在提供完善的步行、骑行和公共交通出行选择的基础上规划新城，实现交通系统与居住就业的高度匹配，改善居民生活工作环境。

作为《伦敦市长交通战略》进一步的行动指南，2018—2019年，伦敦陆续发布了《步行行动计划》《零愿景行动计划》《骑行行动计划》《货运服务行动计划》，为战略目标的实现提供了全面的政策支撑，强化战略的政策传导。其中，《骑行行动计划》和《步行行动计划》旨在支持交通战略目标，将伦敦打造成更绿色、更健康、更繁荣的城市，提高步行和骑行的比例，确保可持续增长，创造更优质的城市生活。

（二）伦敦步行行动计划

伦敦的愿景是成为全球最适合步行的城市，将步行打造成最便捷、最愉悦、最具吸引力的短途出行方式。伦敦步行行动计划的目标是鼓励更多人选择步行、提升步行体验，并减少对汽车的依赖（图1-2-8）。在总体目标"2041年可持续交通出行比重达到80%"的框架下，设定了两个分目标：到2024年，日均步行人次将提高至750万人次（相对于2017年的640万人次），小学生步行上学比例

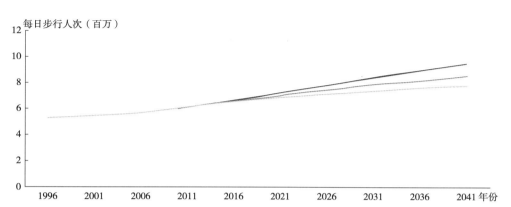

图 1-2-8　伦敦步行水平的预期增长
来源：作者根据《伦敦步行行动计划》(http://content.tfl.gov.uk/mts-walking-action-plan.pdf)改绘

将增至 57%（相对于 2017 年的 53%）。

该计划集中于以下四个核心行动领域（表 1-2-3）：

（1）建设和管理适宜步行的街道：通过对街道景观的重新设计，采用创新的交通信号灯控制技术，以改善交叉口行人体验；推进宜居社区计划，为居民创造更多休息和休闲的场所；实施街道限时交通管控，提高步行环境的质量。

（2）步行导向的规划与设计：引入健康街道方法，将步行作为城市规划设计的重要组成部分；发布街道设计指南，加强数据监测、验证和共享，以不断提高步行空间的质量。

（3）整合步行与公共交通：提升公共交通枢纽地区步行环境的品质和可达性；扩展公共交通网络，提升公共交通体验，从而促进步行水平的提高。

（4）引领步行文化变革：倡导"步行上学"，通过设立上学街道（限制机动车通行）来鼓励学生步行上学；通过社区和手机应用等多种途径，组织步行竞赛、无车日等庆典活动，以推动步行文化的变革。

在实施层面，伦敦采取了多重策略建设步行友好型城市：

（1）优化步行网络，提高步行可达性：将公共交通融入步行网络，通过改善公交站点与步行路线的距离，增强步行网络的可识别性；基于出行目的和关键节点，构建功能性与美观性相结合的步行交通结构，使关键节点区域更加紧

解决步行障碍的行动计划（四个核心行动领域）　　　　表 1-2-3

步行障碍	行动计划			
	建设和管理适宜步行的街道	步行导向的规划与设计	整合步行与公共交通	引领步行文化变革
没有足够的时间	√		√	√
交通拥堵且车速快	√	√	√	√
个人安全的担忧	√	√	√	√
有其他更好的出行方式	√	√	√	
街道步行环境不够友好	√	√		√
身体不够健康		√	√	
对道路安全的担忧	√	√	√	
身体残疾	√	√	√	√

来源：作者根据《伦敦步行行动计划》整理（http://content.tfl.gov.uk/mts-walking-action-plan.pdf）

密相连；建立全方位的步行导航系统，提供准确的路线规划，使步行更具吸引力和可行性。

（2）串联公共景点，增添步行趣味性：利用伦敦丰富的公园和绿地资源，创建众多的步行路线，使居民在步行过程中可以欣赏美景、锻炼身体和休闲放松；规划多条有趣的步行路线，连接城市的自然景观、人文节点和关键节点，增加步行的吸引力和趣味性。

（3）创建健康街道，保障步行优先权：将健康理念融入街道规划设计，通过街道时段性步行化管理等方式，创造更具吸引力的步行环境；采用多项指标来评估街道健康性，保障步行者的安全和舒适，提高步行品质。

（4）创新规划政策，建设步行导向城市：实施多样的步行鼓励政策，例如定时街道项目，通过限制车辆通行，为行人创造无车环境，增加步行吸引力。通过增加住房供应，提高人口密度，使居民更易于步行到目的地，减少对汽车的依赖。

伦敦步行行动计划在多个层面上推动步行文化和步行环境的改善，旨在建设一个更加步行友好、健康和宜居的城市。通过整合步行与公共交通、优化步行网络和空间，以及倡导步行文化，伦敦努力实现步行作为主要出行方式的愿景。

（三）伦敦骑行行动计划

伦敦致力于成为全球最适宜骑行的大城市。为了实现这一目标，伦敦骑行行动计划应运而生。该计划旨在打造一个让每个人都可以轻松骑行的环境。为此，自行车行动计划设定了目标。首先，增加骑行出行次数，计划将每天的骑行次数提高一倍。计划的蓝图铺展至2024年，目标是将每天的骑行次数提升至130万次（2017年仅为70万次）。其次，扩大自行车网络的覆盖范围，确保更多的居民能够方便地骑行。在规划期内，伦敦要将骑行网络的400米覆盖率从2017年的8.8%提升至28%。伦敦的骑行道也将扩展，到2020年，建成和建设中的骑行道总长将达到162公里，相当于2016年的三倍。预计到2041年，每个伦敦人每天要进行20分钟的主动出行，70%的伦敦人将生活在伦敦自行车网络400米范围内。

骑行行动计划紧紧围绕着三大核心领域展开：

（1）扩充骑行空间，改善骑行环境。根据调查，有71%的伦敦市民因为交通拥堵和道路状况不佳而放弃了骑行。因此，改善骑行基础设施显得尤为关键。骑行行动计划将新建450公里的高质量区域骑行道，将整个伦敦连接起来。资金也将被投入以改善社区骑行环境，同时《伦敦骑行设计标准》也将得到更新。政府和企业也将合作，确保在建设过程中对市民的干扰减至最低。

（2）利用数字化新技术，提升骑行的安全性便捷性。骑行行动计划提出建立全球首个骑行基础设施数据库，以提升数字化应用的质量和准确性。规划管理部门也将与科技企业进行合作，带来新的线上行程规划工具。此外，自行车停车战略也将被实施，新增自行车停放点，优化停车设施布局。公安系统和自行车行业将合作，推广自行车标识和注册，以打击自行车盗窃问题。共享自行车平台也将得到推广。

（3）鼓励全民骑行，营造骑行文化。年度社区补助金将激励市民主动选择骑行，而骑行培训学校将为成人、儿童和家庭提供个性化的培训服务。伦敦还将组织无车日、骑行比赛等庆典活动，鼓励市民体验骑行，勇敢尝试新的骑行路线。同时，更加严格的执法和机动车行车安全管控将为骑行交通环境的安全创造更有力的保障。

骑行行动计划代表着伦敦在自行车交通规划和建设方法上的创新和发展。循证方法作为计划的核心，汲取了伦敦在积极交通规划和管理方面来取得的经验和教训。方法上包括根据市长的交通战略设定雄心勃勃的自行车目标，利用循证方法释放伦敦自行车的潜力，并以人为本地解决实际的骑行障碍。过去几十年间，伦敦交通部门采取了一系列措施，包括新基础设施和行为改变计划。同时，对项目影响进行监测和收集相关证据，以了解项目在克服骑行障碍方面的有效性。伦敦交通部门还进行了创新性研究，为规划自行车项目提供了新工具，如全球最大、最先进的自行车网络模型。这些工具和经验让伦敦采纳了循证骑行的方法，现在数据和客户反馈被用来更新自行车测度方法，为伦敦自行车运动的发展作出更大的贡献。基于2017年发布的自行车战略分析，未来伦敦自行车网络的增长将根据当前和潜在需求最大的区域，考虑住房和就业增长，解决安全隐患和障碍问题。

通过投资、创新和以人为本的方法，伦敦骑行行动计划致力于为市民创造安全、便捷的骑行环境。自行车行动计划不仅仅是一组独立的举措，更是一个相互联系的整体。如果这些计划能够协同推进，骑行将成为更多伦敦人的选择，为城市的未来交通作出贡献。

第三节 未来发展方向与挑战

一、多式联运下的积极交通出行

尽管积极交通出行对环境和公共健康具有积极效应，但其无法有效覆盖中远距离的劣势限制了使用。与此同时，同样作为低碳交通模式的公共交通尽管能够在中远距离的行程中提供出行服务，但在灵活性方面（例如公共交通无法覆盖第一/最后一公里的行程）始终无法对私家车形成竞争优势。因此，在荷兰、丹麦和德国等高积极交通出行率的国家，整合积极交通（特别是自行车）和公共交通服务，实现门到门出行过程中低碳和零碳交通模式全覆盖，成为国家和城市积极交通复兴战略中的重要内容之一（图1-3-1）。

整合积极交通（包括步行、私有自行车和自行车共享等）与公共交通，打造多式联运的交通系统也是促进积极交通出行的重要手段。在高密度的大城市社区，由积极交通（通常为自行车）与公共交通组成的多式联运系统具有很强的竞争力。在加拿大，公交用户比非公交用户更频繁地进行三十分钟以上的步行。同样的现象在美国巴尔的摩和西雅图的研究中得到证实，依赖公交出行的用户不仅仅更频繁地使用积极交通出行，同时也报告了更长的体育休闲活动时间。这不仅是因为公交用户需要步行到公共交通站点或从站点前往最终的目的地，同时他们也会出于各种目进行更多的步行旅行来选择更主动地前往目的地的交通。积极交通

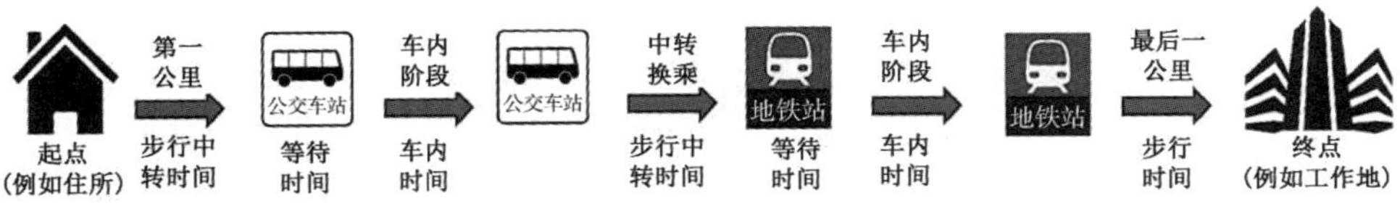

图1-3-1　门到门行程和出行时间构成示意图
来源：作者自绘

出行模式也会增加传统固定公共交通服务的覆盖范围，特别是低密度地区和城市边缘区。在美国大都市区，自行车能够将公共交通的服务范围扩展到枢纽站周边 1.6~3.2 公里的范围内。大量的实证研究证实了积极交通与公共交通服务整合的潜力。在公共交通服务覆盖不足的国家（尤其是发展中国家），积极交通对公共交通服务的补充效果将会更加显著。在秘鲁利马，大容量公共交通服务与自行车设施充分结合后，公共交通服务的覆盖范围可以增加 6 倍以上。此外，整合积极交通与公共交通也有助于提升交通系统效率。一项基于韩国首尔的研究表明，结合共享单车的多式联运系统可以大大提升出行效率，具体而言，使用高性能的自行车共享出行取代低效率的公共汽车出行可以减少 34% 的总出行时间[19]。在积极交通出行率较高的国家（例如荷兰、德国和丹麦等），积极交通出行者（例如自行车骑手）通常表现出多式联运行为，即将步行和自行车出行与其他模式（尤其是公共交通）相结合，并轻松地实现模式切换。

近年来，信息和通信技术（ICT）的进步催生了新兴的移动出行服务，包括叫车和拼车服务、共享微出行以及汽车共享等。消费者（出行者）通过移动应用程序实现按需、高效和便捷地获取这些服务，满足个性化的出行需求。除访问单一的出行服务之外，一些平台和系统（例如奥地利的"SMILE"）集成了多种的模式，从而为居民出行提供更加多样化的出行模式选择和模式组合（集成）方案。这些新技术和新模式包含了交通领域的新理念，例如按需出行服务（Mobility on Demand，MoD）以及出行即服务（Mobility as a Service，MaaS）。这些新兴出行服务和新理念扩展了涵盖积极交通出行模式的多式联运（或多模式）出行的概念和范围。积极交通出行模式不再局限于与传统的公共交通整合。新兴出行服务，例如汽车共享、叫车和拼车服务等也可以与积极交通出行模式整合，形成多样化的组合出行方案。

当前，一些 MaaS 平台已经实现了多模式整合（表 1-3-1），并为消费者提供来自不同服务提供商集成的旅行套餐。MaaS 强调通过智能技术将不同的交通出行服务（如公共交通、汽车共享、自行车共享、出租车等）集成到数字平台和应用程序当中，为用户提供交通信息、预订、票务、付款以及改善旅行体验的反馈。MaaS 的优势在于，提供便捷的门到门出行服务，无缝衔接的多式联运出行和灵活的多模式出行选择，以及便捷的一体化计费和付费手段。

部分国家和城市的 MaaS 系统　　　　　　　表 1-3-1

项目名称	国家	城市/地区	包含的交通模式
STIB+Cambio	比利时	布鲁塞尔	共享汽车、轨道交通、公交、出租车
Qixxit	德国	全国	共享单车/汽车、汽车租赁、轨道交通、公交、出租车、航空
Moovel	德国	全国	共享单车/汽车、汽车租赁、轨道交通、公交、出租车
Switchh	德国	汉堡	共享单车/汽车、汽车租赁、轨道交通、公交、出租车、轮渡
Hannovermobil	德国	汉诺威	共享汽车、汽车租赁、轨道交通、公交、出租车
BeMobility	德国	柏林	共享单车/汽车、轨道交通、公交、出租车
Mobility Mixx	荷兰	全国	共享单车/汽车、汽车租赁、轨道交通、公交、出租车
NS-Business Card	荷兰	全国	共享单车/汽车、汽车租赁、轨道交通、公交、出租车
Radiuz Total Mobility	荷兰	全国	共享单车/汽车、汽车租赁、轨道交通、公交、出租车
北京 MaaS 平台	中国	北京	共享单车、轨道交通、公交、市郊铁路、网约车、长途大巴、步行/骑行、自驾、航空
随申行	中国	上海	轨道交通、公交、轮渡、网约车、出租车、步行/骑行、停车服务
Smile	奥地利	维也纳	共享单车/汽车、汽车租赁、轨道交通、公交、出租车
Optimod' Lyon	法国	里昂	共享单车/汽车、汽车租赁、轨道交通、公交、出租车、航空
EMMA	美国	蒙彼利埃	共享单车/汽车、轨道交通、公交
SHIFT	美国	拉斯维加斯	共享单车/汽车、汽车租赁、公交
UbiGo	瑞典	哥德堡	共享单车/汽车、汽车租赁、公交
Helsinki Model	芬兰	赫尔辛基	共享单车/汽车、汽车租赁、轨道交通、公交、出租车

来源：作者根据网络搜集的相关资料汇总

中国部分城市目前也开始逐步探索构建 MaaS 系统。2019 年，北京推出国内首个绿色出行一体化服务平台（北京 MaaS 平台），依托高德地图 App，整合地铁、地面公交、步行、骑行、自驾、网约车等出行方式，向公众提供全流程、一站式出行服务。升级版的北京 MaaS 平台（MaaS2.0）将持续升级城内、城际一体化出行体验。市内交通方面，进一步优化"轨道+公交/步行/骑行"规划导航功能，精确提示轨道等公共交通方式的到站时刻，提升共享单车供给、停放区域引导信息服务精度，减少换乘和停放的等待时间；城际出行方面，升级"航空/铁路+城市公共交通/定制公交/出租（网约）车"服务，拓展完善一键规划、接驳引导、一体化支付等服务功能，提供一体化出行规划导航服务功能。MaaS 系统提升了积极交通（特别是共享单车）与公共交通衔接的便捷性与流畅性，在促进积极交通出行方面发挥了重要作用。截至 2023 年 6 月底，北京 MaaS 平台用户量已超 3000 万人次，日均服务绿色出行人数 450 余万人次。与此同时，上海也于 2022 年 10 月正式推出"随申行"APP。作为上海首个绿色出行一体化平台，"随申行"提供全面、绿色、一体化交通出行和一站式服务的"出行+"互联网服务（图 1-3-2）。该平台设有"公共交通""打车出行"和"上海停车"三个板块，整合了公交、轨道交通、轮渡等公共交通出行方式和一键叫车、智慧停车等出行服务，为市民提供全方位、换乘优惠、多模式出行的交通方式，引导低碳出行。公共出行服务覆盖了公交线路和轮渡线路，打车服务接入上海市出租车统一平台，停车服务覆盖了 89 万个公共泊位。

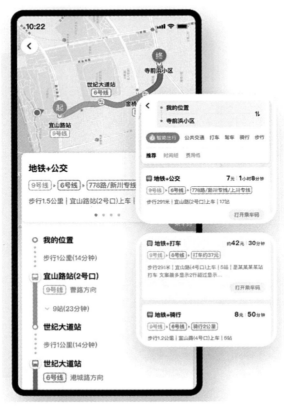

图 1-3-2　上海 MaaS 系统"随申行"界面
来源："随申行"官网（https：//shmaas.cn/trip.html）

尽管整合积极交通与其他交通出行服务对促进积极交通出行具有积极作用，但相关实践依然面临一些障碍和挑战。在传统的涵盖积极交通模式的多式联运出行中，设施层面的整合对于两种出行模式的衔接至关重要。在规划基础设施和制定规划干预策略之时，除了关注住宅小区和工作地（包括学校）周边支持积极交通出行的建成环境之外，也需要关注主要交通枢纽周边的步行（骑行）水平以及相关的设施规划。例如，在荷兰，自行车被认为是火车的互补交通系统，并有大量的研究关注了火车站区域的自行车停放设施和停放行为。解决火车站周边的自行车停放问题被认为是促进自行车和火车联合使用的关键举措之一。除设施层面的整合之外，促进积极交通＋公共交通出行也需要更进一步的手段，例如优化公交服务和乘车政策，允许携带自行车乘车等。由于出行高峰期搭载自行车会在很大程度上影响公共交通乘客搭载量，因此很多国家并没有推广公共交通搭载自行车的方案。为了提升积极交通＋公共交通出行的灵活性，未来可以在优化相关政策上进一步探索。

与此同时，与传统的多式联运出行实践相比，MaaS 的探索与实践面临更多的挑战和障碍。这包括将终端用户、不同出行服务运营商（公交公司、出租车公司以及共享单车／汽车公司等）、政府监管部门以及 MaaS 平台运营商等不同利益相关群体利益和需求汇集在一起的复杂性，交通服务运营商之间的信任问题和实时数据共享问题，商业模式和利益分配模式的挑战，技术性规范和法律的缺失等。这些困难和挑战都需要在未来的实践中一步步解决。

二、新兴积极交通出行模式

当前，一些新兴的积极交通模式，例如电动自行车、助力电动车、电动滑板、共享微出行（例如共享单车、共享电动车）等正在成为新的积极交通出行解决方案。这些模式不仅使得积极交通出行的选择更加多样化，也使得出行过程更加便捷和高效。在未来，新兴的积极交通出行模式份额可能会持续提升，并成为传统自行车出行和步行的替代方案。

共享单车计划被视为促进积极交通出行，尤其是自行车出行的重要举措。来自英国、美国和澳大利亚的证据显示，平均 60% 的共享单车出行行程取代了久坐不动的出行模式（例如私家车、公共交通和出租车等）[20]。共享单车显著增加了自行车的可用性、路线的灵活性以及往返公共交通的通道。与传统的私人自行车相比，共享单车服务能够更容易地与其他运输模式结合（例如公共交通、汽车共享和租车服务），从而更好地帮助使用者实现出行模式的转换，推动城市多式联运交通系统的发展。在英国伦敦和澳大利亚墨尔本，靠近交通枢纽（火车站）的区域往往拥有更高的共享单车使用频率，这显示出共享单车与现有交通基础设施整合的潜力。关于共享单车使用的影响因素，除了影响积极交通出行的传统因素之外，共享单车的可获取性（例如共享单车站和共享单车的位置）也是一个重要的因素[21]。例如，在英国曼彻斯特，共享单车的位置是使用共享单车的一个重要的考虑因素，因为大量的受访者可能会因为无法及时地获取共享单车而放弃使用。与传统的基于站点的有桩式共享单车相比，自由浮动共享单车可以提供更加公平的交通资源。在保证充足的共享单车供给的情况下，社区的共享单车可获取性不再受制于站点（共享单车站）的可达性。与此同时，自由浮动式共享单车的普及离不开其智能化的核心竞争力，它所采用的数据技术和互联网思维，使得用户在使用中可以享受到更便捷、多样的服务。尽管这种特征提升了空间公平和出行效率，但也可能会导致社会公平的损失。这体现在使用共享单车系统过程中面临的特定障碍，例如对信用卡、在线支付和智能手机的使用，这可能会将一部分人群（例如老年人和低收入者）排除在外。此外，共享单车的发展也面临挤占公共资源，带来资源浪费等问题。由于缺乏停放空间的规划和停车管理约束，共享单车的过度投放与无序停放导致了公共空间被占据、单车堆放混乱等问题，反而成为积极交通出行的阻碍。这也成为各城市交通整治的重要工作之一。因此，未来需要对共享单车的骑行和管理制定专门的管理方案，以规范骑行行为，保障骑行安全性并提升停放和投放秩序。

除共享单车之外，电动自行车（包括电动助力自行车）对于提升积极交通出行的积极意义也应该被关注。近十年来，电动自行车在全球迅速普及。2015年全球销售了超过4000万辆电动自行车，预计销售趋势将继续增长[22]。预计到2025年，电动自行车的销量将增至1.3亿辆，而到2100年将增至8亿辆[23]。与普通自行车相比，电动自行车能够覆盖更广泛的空间范围和骑行群体，从而提升空间公平与社会公平。一方面，与传统自行车相比，电动自行车速度更快，能够提升出行距离的上限并缩短同等距离情况下出行时间，适应更复杂的道路状况（上坡、繁忙的交通等），从而更好地支持积极出行（尤其是积极通勤）并扩大非机动化交通模式的出行范围。这对于支持人口和建筑密度更低的地区（例如郊区、乡村以及低密度城市等）人口骑行而言至关重要。例如，在美国，庞大的土地使用和低密度的土地开发模式意味着目的地通常位于传统自行车的骑行范围以外，而电动自行车通常可以成为驾驶的可行替代方案，可以提升非机动化出行的比重，一定程度上缓解美国居民对私家车的依赖。另外，电动自行车通过电动辅助，减少了骑行者所需的体力劳动，提高了车辆承载能力并增加了潜在的行驶距离，从而赋予更多人骑自行车的可能，特别是满足了老年人、女性以及其他身体状况不适宜采用传统自行车出行人群的骑行需求。鉴于骑行群体（涵盖更广泛的性别、年龄和生命历程以及身体状况的社会群体）和骑行空间（郊区和农村环境、距离）更加广泛，电动自行车在替代汽车出行方面拥有更强的优势（与传统自行车相比）。一项基于荷兰出行者的调查研究表明，尽管电动自行车骑行一定程度上替代了传统自行车以及公共交通出行，但私家车主更愿意将电动自行车作为私家车出行的替代工具，而不是传统自行车以及公共交通[24]。这意味着推广电动自行车确实对减少私家车出行具有积极效益。

然而，电动自行车的快速扩张也会带来一些负面的后果。一方面，尽管电动自行车有助于减少私家车出行次数并带来积极的环境效应，但电动自行车所具备的灵活性和机动性优势（与传统自行车相比）也会导致步行和传统自行车出行份额的下降。对于那些长期采用传统积极交通出行模式的人群而言，从步行和传统自行车转向电动自行车意味着日常活动量的降低，身体健康可能会受到负面影响。另一方面，电动自行车数量的增长也给城市交通的兼容性带来了一些挑战，这也增加了出行的安全风险。电动车的速度远超步行和传统自行车的骑行速度，但它们通常被归类为非机动车，并被划分到自行车和行人的基础设施（例如非机动车道）当中。当非机动设施同时容纳速度制度不同的交通模式之时，潜在的冲突风险也增加了。与此同时，机动车道也面临同样的兼容性挑战。在缺乏足够的监管以及制度约束的情况下，电动自行车在机动车道上骑行并与机动车发生碰撞的事故也层出不穷。因此，在推广和鼓励电动自行车骑行的过程中，事故率的增长（与传统自行车相比）也是一个不容忽视的问题，这需要未来通过相关的规章制度和城市规划等多手段予以解决。

本章参考文献

[1] OLAFSSON A S, NIELSEN T S, CARSTENSEN T A. Cycling in multimodal transport behaviours: Exploring modality styles in the Danish population [J]. Journal of Transport Geography, 2016, 52: 123-130.

[2] KOOHSARI M J, COLE R, OKA K, et al. Associations of built environment attributes with bicycle use for transport [J]. Environment and Planning B-Urban Analytics and City Science, 2020, 47(9): 1745-1757.

[3] BUEHLER R, PUCHER J, MEROM D, et al. Active travel in Germany and the U.S. contributions of daily walking and cycling to physical activity [J]. American Journal of Preventive Medicine, 2011, 41(3): 241-250.

[4] BUEHLER R, PUCHER J. Cycling for sustainable cities [M]. Cambridge: MIT Press, 2021.

[5] WHITFIELD G P, PAUL P, WENDEL A M. Active transportation surveillance—United States, 1999-2012 [J]. Mmwr Surveillance Summaries, 2015, 64(7): 1-17.

[6] HALLAL P C, ANDERSEN L B, BULL F C, et al. Global physical activity levels: surveillance progress, pitfalls, and prospects [J]. Lancet, 2012, 380(9838): 247-257.

[7] HAM S A, MARTIN S, KOHL H W. Changes in the percentage of students who walk or bike to school-United States, 1969 and 2001 [J]. Journal of Physical Activity & Health, 2008, 5(2): 205-215.

[8] MARZOUGHI R. Teen travel in the Greater Toronto Area: A descriptive analysis of trends from 1986 to 2006 and the policy implications [J]. Transport Policy, 2011, 18(4): 623-630.

[9] JOH K, CHAKRABARTI S, BOARNET M G, et al. The walking renaissance: A longitudinal analysis of walking travel in the Greater Los Angeles Area, USA [J]. Sustainability, 2015, 7(7): 8985-9011.

[10] 殷照伟, 李志平.《自行车的回归: 1817—2050》解读 [J]. 城市交通, 2022, 20(2): 127-129.

[11] SCHEPERS P, HELBICH M, HAGENZIEKER M, et al. The development of cycling in European countries since 1990 [J]. European Journal of Transport and Infrastructure Research, 2021, 21(2): 41-70.

[12] TOXVAERD C G, LAU C J, LYKKE M, et al. Temporal changes in active commuting from 2007 to 2017 among adults living in the Capital Region of Denmark [J]. Journal of Transport & Health, 2019, 14: 1-8.

[13] 潘海啸. 中国城市自行车交通政策的演变与可持续发展 [J]. 城市规划学刊, 2011(4): 82-86.

[14] GONG W, YUAN F, FENG G, et al. Trends in transportation modes and time among Chinese population from 2002 to 2012 [J]. International Journal of Environmental Research and Public Health, 2020, 17(3): 945.

[15] 尹志芳, 吴洪洋, 郝萌. 我国城市自行车交通发展现状与对策建议 [J]. 工程研究——跨学科视野中的工程, 2017, 9(3): 316-323.

[16] 刘涟涟，蔡军. 德国自行车交通复兴：法规、规划与政策 [J]. 国际城市规划，2012，27（5）：73-78.

[17] MIRAMONTES M, PFERTNER M, RAYAPROLU H S, et al. Impacts of a multimodal mobility service on travel behavior and preferences: user insights from Munich's first Mobility Station [J]. Transportation, 2017, 44（6）: 1325-1342.

[18] 陈燕申，陈思凯，张子栋，等. 丹麦国家自行车战略解析及启示 [J]. 综合运输，2017，39（5）：74-79，84.

[19] KAPUKU C, KHO S Y, KIM D K, et al. Assessing and predicting mobility improvement of integrating bike-sharing into multimodal public transport systems [J]. Transportation Research Record, 2021, 2675（11）: 204-213.

[20] FISHMAN E, WASHINGTON S, HAWORTH N. Bikeshare's impact on active travel: Evidence from the United States, Great Britain, and Australia [J]. Journal of Transport & Health, 2015, 2（2）: 135-142.

[21] HEINEN E, KAMRUZZAMAN M, TURRELL G. The public bicycle-sharing scheme in Brisbane, Australia: Evaluating the influence of its introduction on changes in time spent cycling amongst a middle- and older-age population [J]. Journal of Transport & Health, 2018, 10: 56-73.

[22] SALMERON-MANZANO E, MANZANO-AGUGLIARO F. The electric bicycle: Worldwide research trends [J]. Energies, 2018, 11（7）: 1894.

[23] JAMERSON F E, BENJAMIN E. Worldwide electric powered two wheel market [J]. World Electric Vehicle Journal, 2012, 5: 269-275.

[24] KROESEN M. To what extent do e-bikes substitute travel by other modes? Evidence from the Netherlands [J]. Transportation Research Part D: Transport and Environment, 2017, 53: 377-387.

第2章

城市积极交通出行行为理论

第一节　效用最大化理论
第二节　社会心理学理论
第三节　理论框架整合

城市交通出行行为理论是理解和改善城市积极交通出行的关键。这一理论能够深入洞察并解释个体在选择出行方式时的决策过程。在设计和推广鼓励城市积极交通出行的相关政策和规划时，应充分考虑行为决策中的心理因素、社会因素和环境因素。通过学习和应用这些理论，城市规划者和政策制定者可以更好地设计城市交通系统，制定相关政策和提供相应设施，以促进健康、可持续和智慧型的城市出行选择。

在出行行为研究中，效用最大化理论和社会心理学理论对于理解和解释个体选择的出行方式具有重要意义。这两个理论框架从不同角度解释了个体如何做出出行选择，并深入探讨了背后的决策机制。效用最大化理论关注个体在不同出行方式中进行效用和成本的权衡，并以效用最大化为目标进行选择。然而，该理论在将身体活动行为视为离散选择或定义相关属性方面仍需进一步明确。另一方面，社会心理学理论更侧重于识别和定义影响出行行为的关键心理和社会变量，特别是计划行为理论和社会认知理论。这些理论框架关注个体的态度、社会规范及自我控制等变量对行为选择的影响，并试图解释这些变量背后的决策机制。

通过深入探讨效用最大化理论和社会心理学理论在出行行为研究中的应用，我们可以更全面地理解个体选择出行方式的决策模式、决策因素以及背后的心理机制。这些理论框架不仅为我们提供了独特的视角来观察出行行为，还为未来设计有效的干预措施和政策制定提供了重要的指导。下面，我们将对效用最大化理论和社会心理学理论在出行行为研究中的运用进行详细的阐述。

第一节 效用最大化理论

一、效用最大化理论的发展与概述

在出行行为研究领域，效用最大化理论最初被应用于预测出行者的行为。在20世纪60年代末和70年代初，研究人员开始倡导基于行为理论的个人选择分解模型，以更准确地反映因果关系，并更精准地预测交通系统变化的影响。在先前模型基础上，丹·麦克法登（Dan McFadden）首次将经济学和心理学的效用最大化框架引入出行行为研究[1]。

麦克法登和其他研究者的工作[2,3]进一步巩固了效用最大化理论在出行行为理论中的关键地位。这一理论最初源自经济学中的基本命题："人们会在最大化个人利益的原则下做出选择[4]。"根据这一假设，消费者行为模型认为在预算限制下，个人会尽量最大化效用，也就是说他们对不同商品的需求取决于所有商品的价格以及收入和个人偏好。然而，出行行为理论与消费者选择理论的不同之处在于，交通选择（比如去哪里、什么时间去、使用何种交通方式）是离散的而非连续的，并非像是购买商品时可以做出的连续选择。对于连续选择，研究人员可以假设所有个人有共同的偏好；而对于离散选择，即便价格微小调整也只会带来两种结果：完全不变或者引起显著变化。此外，未观察到的偏好变化也是一个重要的考虑因素[5]。

为了适应偏好的变化，麦克法登提出了一个效用函数，该函数能够反映具有代表性的偏好。这个函数结合了偏好的概率性或"随机"因素，以展现不可观察到的偏好变化和未观察到的选择属性。研究者通常采用多项logit模型来分析离散的选择，在此过程中，特定选择的概率被视为该选择的效用相对于所有选择效用的函数。效用被假定为所选择属性的线性函数，每个属性都有一个系数，反映了其相对重要性。在出行行为研究中，通常通过观察个体选择来估计此模型。效用函数涵盖社会经济特征和选择属性，解释不同样本之间的偏好差异。在最新应用中，模型中各种属性的系数被视为随机变量，以此来反映人们偏好的多样性和变化性。这一方法为先前的预测模型提供了显著的改进。然而，这些模型在行为理论基础方面存在不足，正如多西奇和麦克法登所论证的："我们将行为模型定义为消费者在面对不同选择时所做出的决策。换句话说，该模型旨在描述社会经济和交通系统特征与出行之间的因果关系。它需要解释出行决策随着条件变化而产生的原因。简言之，只有通过解释这种因果关系，该模型才能用于预测未来交通系统性能的变化对出行的影响。否则，该模型将仅仅复制其最初校准时对运输系统产生的效果[5]。"

然而，过于注重预测目标而非深入理解出行行为往往会导致模型中变量的偏误。这种情况通常局限于那些只影响不同选择效用的因素，而未能涵盖可能影响出行行为的广泛变量。例如，麦克法登和其他研究人员意识到了个人看法和态度的重要性，但认为这些因素难以预测，因此将其排除在预测模型之外。他们也意识到了替代出行选择的详细属性的重要性，但这些属性在当前的预测模型中仍然相对较少。此外，他们进一步指出不同短期出行选择（例如出行方式和目的地选择）之间的关联，以及这些短期选择与长期选择（如汽车拥有量、居住地点和工作地点）之间的关系。然而，这些关系有时会在更复杂的模型中得到考虑。尽管这些问题在出行需求预测模型中通常未得到充分解决，但该理论框架完全有能力支持这些考量。

在出行需求预测模型中，效用最大化通常意味着货币成本和/或出行时间的最小化。然而，广义成本的概念扩展了模型中的因素范围，成为影响不同选项效用的潜在重要决定因素。广义成本可以被视为属性的线性总和，每个属性都有一个反映其重要性的权重。除了传统的成本衡量标准（包括自付费用和出行时间）之外，广义成本还可以包括"舒适"和"便利"等因素，进一步涵盖任何可能导致出行负效用（或降低效用）的因素。在应用中，这个概念通常限于相对容易测量的属性。最理想的情况是，所包含的属性应该扩展到那些可以准确、客观地测量的属性。这些属性是直观的，并与决策有某种合理的联系，有助于提升统计模型的解释力。

虽然效用最大化框架在预测出行行为方面已被证明很有用，但作为理解身体活动行为的框架的实用性却尚待检验。在这个框架中，第一步是确定选择兴趣。例如，选择步行去商店，或者更一般的情况即在可能的情况下选择步行。然而，定义相关的可能选择集并不总是简单的。对于步行去商店的决定，选择可能包括使用哪种模式（例如，选择步行或驾车），步行到哪里（例如，去商店或街区周围），或者是步行还是做其他事情（例如，在家闲逛或开车去健身房）。下一步是足够详细地定义不同选择的相关属性。对于步行来说，广义的成本包括舒适和便利因素，可能比单独的出行时间或距离更相关。感知的时间和成本可能比实际的时间和成本更直接地与出行选择相关。因此，选择步行并不像看起来那么简单，可能比选择开车要复杂得多。其他形式的积极出行和其他类型的身体活动的选择可能同样复杂。

因此，出行行为理论在理解选择使用非机动模式或更广泛地参与体育活动方面的有用性，取决于该理论应用于预测出行行为任务的方式的重大变化。随着其应用场景的变化，该理论为建成环境影响身体活动的机制（即通过效用最大化的过程）提供了有用的解释。对于关键变量，效用最大化框架需要将物理活动行为概念化作为一种选择，并且它为概念化建成环境提供了坚实的理论基础。最后，这一理论表明了更广泛的概念模型的重要性，该模型考虑了不同选择之间的关系以及不同选择相互依赖的可能性。

二、效用最大化理论的扩展

基于效用最大化的出行模式选择理论已经被广泛用于理解出行行为方式。早期的扩展包括基于活动的方法，强调出行需求源自活动需求。另一个看似矛盾但互补的延伸则聚焦于出行的积极效用，即出行本身的好处，可能超越到达目的地后活动所带来的好处。这两个扩展均来源于出行行为研究领域，涉及建立概念模型以研究建成环境与身体活动之间的联系。领域之外的扩展同样为探究建成环境与身体活动之间的联系提供了重要的理论见解，其中包括经验效用和多样性的概念。

（一）基于活动的方法

基于活动的出行行为研究方法是在效用最大化框架之后出现的。尽管最初被视为对严格的效用最大化框架的替代方案，但在实际应用中，这两个理论框架的大部分内容已经融合。在发展基于活动的方法时，研究人员提出了对效用最大化框架的几个重要扩展，包括不确定性、习惯和阈值的重要性、模型中约束条件的影响，以及信息充分程度和知识水平的影响。正如 Goodwin 和 Hensher 所指出的："理性远比人们通常认为的更加复杂。"

基于活动的方法始于将出行需求与活动需求联系起来的假设。这一假设改变了研究者的关注焦点，从单纯理解出行的选择转向理解活动的选择。这些选择之间存在着双向关系：活动的选择塑造了出行的需求，但出行的预期成本也可能影响着活动的选择。McFadden 也认同出行需求的派生性质："出行通常并非是消费者的终极目标，而是与工作、购物和娱乐等其他活动相关联。"因此，理解出行模式就必须深入了解活动模式。

关注活动选择而非出行选择的转变带来了对出行行为研究的全新视角，并衍生出新的出行行为假设。这并非意味着效用最大化框架被抛弃——研究者们仍然认为该框架有用，但他们认为需要"明确承认背离简单经济定义的理性"。英国学者们的一系列工作提出了另一种解析出行行为的方法[6]，他们采用了名为"家庭活动出行模拟器（HATS）"的工具对出行行为进行了全面分析。他们观察了一天中的活动模式以及家庭成员之间的互动，从而解释了相应的出行模式。在这种方法中，建成环境通过促进或限制活动参与和出行而发挥作用。然而，HATS 方法并没有得到广泛运用。相反，研究者们依靠效用最大化框架来对选择进行统计建模，尽管现在分析的范围已扩展至活动片段参与、活动片段生成和调度等方面。

总体而言，基于活动的方法为将效用最大化框架应用于身体活动研究提供了几个潜在的需要重点考虑的因素。其中一种途径是将源自其他活动需求的出行和作为一种活动本身的出行。在这种情况下，步行的选择不再被视为不同出行方式之间的选择，而是被定义为不同活动之间的选择。这一框架强调了习惯、信息缺乏和其他约束的作用，这些对于理解积极交通出行和其他身体活动可能尤为重要，需要在模型中予以特别考虑。例如，如果随着时间的推移，选择步行成为一种习惯，那么模型中相关的选择可能不是每天是否选择步行，而是初始选择步行或继续步行的决定。近期对活动安排的关注可能有助于理解时间限制，这些限制制约了个人选择进行积极交通出行而不是机动交通出行，或者将其他身体活动融入日常。因此，步行选择最好被概念化为如何分配个人时间的选择。

（二）出行的积极作用

在出行行为领域，出行不仅可以实现到达目的地的功能，还可能受到活动目的地以外的因素的激励，这一观点被称为"出行的积极效用（The Positive Utility of Travel，PUT）"。以行人为什么过马路为例。在传统的交通模式中，出行被视为达到目的的手段，出行需求是从对空间分离活动的需求中衍生出来的，而出行时间则是需要最小化的负效用。事实上，行人可能是为了赶公交车上班或购物，而步行可能是最快或最经济的方式，过马路可能是最安全或最直接的选择。然而，也要考虑到其他可能的答案，行人可能是为了锻炼或者清醒一下头脑而在社区散步，选择不开车可能是为了打电话、享受户外活动或表达环保态度。在这些情况下，出行不再是为了最小化负效用，而是为了最大化快乐或幸福。

在出行行为领域，出行时间可以被有效地利用，出行可以提供身体、情感和象征性的好处。出行的正效用可能对经济支付意愿产生影响，而这些意愿对交通项目的评估至关重要。对 PUT 概念的更全面理解可能有助于改进对步行、骑自行车和交通需求的预测，或有助于设计干预措施以增加这些活动的使用。

实证研究方面，Mokhtarian 和 Salomon 对出行作为纯粹衍生需求的传统假设提出了质疑[7-9]。他们的研究证实了在某些情况下，出行被视为一个目的，而不仅仅是到达目的地的手段。换句话说，对某些人来说，花在出行上的时间对其效用有积极的贡献。这种积极效用可能导致额外的出行，比如一家人周末开车去乡下旅行，或者通勤者选择更长的路回家。在研究中，他们区分了出行本身的积极效用和在出行过程中可能参与的活动的积极效用（比如欣赏风景、收听广播，或者在家庭和工作之间进行精神转换），以及出行结束后进行的活动的价值。

出行的积极效用对于理解非机动交通方式的选择至关重要。效用最大化模型在出行行为研究中通常假设出行者将尽量减少出行时间以最大化效用。然而，实际情况并非如此，因为积极交通出行，尤其是步行，在其他方面具有更高的积极效用，例如步行本身带来的乐趣（如运动感觉、肌肉锻炼）、步行时的愉悦体验（如欣赏风景、呼吸新鲜空气），以及步行对健康的好处。因此，更长的步行时间可能会在一定程度上被视为积极的贡献。这些因素极大地提升了步行选择的效用，也提示我们可以进一步扩展模型中包含的属性。

（三）其他"非理性"

已有学者证明，个人并非始终以看似理性的方式去追求效用最大化。这并不意味着个体是不理性的，而是指出他们的理性通常更为复杂。例如，"记忆效用"，即对选择结果的回顾性评价，会影响未来的决策。如果这些回顾性评价不准确，就可能导致无法最大化效用的选择[10]。实验证明，个人愿意为了多样性牺牲当前及时享乐。有时人们会选择不太受欢迎的替代方案，以追求多样性，而非优先考虑效用最大化。这样的选择可以提升对选择顺序的记忆。

这些看似不合理的现象或许有助于解释建成环境与身体活动之间的关系。例如，糟糕的步行经历可能阻止个体再次选择步行，而愉快的经历可能会鼓励人们再次选择步行。此外，如果记忆不准确，人们可能会选择超出或少于记忆中的步行次数。此外，对多样性的追求也可能导致选择步行，尽管从成本和效率角度看，步行并非首选。在这种情况下，步行经历会改变人们对步行效用的记忆，从而可能增加未来选择步行的可能性。这两种可能性强调了考虑不同时间点选择之间关系的重要性，也表明需要更全面的概念模型来理解建成环境和身体活动之间的联系。

三、效用最大化理论在积极出行领域的应用

在积极出行领域，效用最大化理论最常见的应用是解释个体在不同出行方式（如步行、自行车、公共交通、私家车等）之间的选择。个体对不同出行方式的偏好和效用是选择的关键考虑因素。效用最大化理论通过分析个体对每种出行方式的满意度、感知便利性和成本来解释其选择。例如，对于某个人来说，公共交通可能更便利、成本更低，而对另一人来说，使用私家车可能更符合其时间、舒适度和个人偏好。基于此，研究者可以通过分析个体对每种出行方式的效用和成本来理解为何人们更倾向于某种方式，并以此为基础为出行政策的制定提供依据。

此外，这一理论也被广泛应用于评估和预测不同交通政策对个体和社会的影响。通过模拟个体在不同政策下的出行行为，如交通拥堵收费、公共交通改善等，研究者可以评估政策实施的效果和潜在影响，进而理解个体对不同出行方式的选择机制，从而制定更合理的交通政策。例如，如果一个城市的步行系统或公共交通系统不够便利，个体可能更倾向于选择私家车，因此政策制定者可以根据这些偏好和选择来优化步行或公共交通系统，提高积极交通的吸引力。

在交通规划和设计领域，效用最大化理论也被用来优化交通网络和城市规划。通过分析个体对不同交通设施和城市布局的偏好，规划者可以设计更友好和便捷的步行道路、自行车道、公共交通线路等，从而提高城市积极交通系统的可达性和吸引力。

总体而言，效用最大化理论在积极出行领域的应用覆盖了多个方面，从个体出行选择到交通政策评估和城市规划。随着对出行行为理解的深入和交通领域技术的进步，这一理论的应用将持续扩展，并为未来的出行研究提供更多的启示。

第二节 社会心理学理论

学者们在效用最大化理论的基础上引入了社会心理学，以建立更为全面的出行行为理论框架。这种以社会心理学为基础的健康行为研究和身体活动研究为分析人类活动和出行行为提供了理论支持。这些相关理论主要分为两类：一类是关于计划行为理论，另一类则围绕着社会认知理论及其在生态模型中的延伸。这两类理论在关注认知过程方面有着许多相似之处，它们与效用最大化框架的不同之处在于，它们在解释影响行为的特定变量时更加明确，而在解释这些变量影响行为的机制时则相对模糊。

一、计划行为理论

计划行为理论（Theory of Planned Behavior，TPB）是一种心理学理论，旨在将个人的信念与其行为联系起来。该理论认为态度、主观规范和感知的行为控制是塑造个人行为的三大核心因素。计划行为理论的基础可以追溯到 Fishbein 提出的多属性态度理论，该理论认为态度决定行为，而预期的行为结果以及对结果的评价则影响态度[11]。Ajzen 在此基础上发展了计划行为理论，特别强调信念在行为解释中的关键作用[12]。他指出："正是在信念的层面上，我们才能够理解诱导一个人从事感兴趣的行为并促使另一个人遵循不同行动路线的独特因素。"

Ajzen 区分了行为信念、规范信念和控制信念，认为它们分别影响着态度、主观规范和感知行为控制。行为信念涉及对行为可能产生结果的信念，态度取决于对每种可能结果的行为信念，并根据对这些结果的评估（积极或消极）进行加权。规范信念是关于重要参照个体（如朋友、合作伙伴、父母或老板）是否支持实施该行为的信念，关于行为的主观规范取决于不同参照个体的规范信念，这些信念受到个体遵从这些参照个体的动机的影响。控制信念是关于促进或约束行为的因素的可能性的信念，对行为的感知行为控制取决于对不同因素的控制信念。这些因素共同塑造了个体的行为意向，而行为意向与感知行为控制共同决定了最终的行为。

在现有理论框架的基础上，计划行为理论在实际应用中进行了深入拓展。学者们在不断挑战和审视中，极大丰富了相关变量的内涵。有人认为"态度"不仅包含有价值与否、有害与否等工具性成分，也包含了情感性部分，如喜欢与否、愉快与否等[13]。同时，对作用机制的探究也得到了加强，Gollwitzer 提出行为发生经历了两个阶段：一个是动机阶段，受到态度、主观规范和知觉行为控制的影响；另一个是执行阶段，处于行为意向和实际行为之间，主要特征是制定具体行为计划，是意向转化为行为的关键[14]。

在出行行为研究中，众多实证研究表明计划行为理论作为决定行为因素的概念化、测量和识别框架非常有效[12]。该理论侧重于信念对行为的决定作用，而不直接强调建成环境对身体活动的解释作用。建成环境的特征可能影响控制信念，即个人对促进或限制行为的因素的信念。对于步行，这些因素可能包括人行道或汽车交通的存在情况。该理论解释个人对这些因素存在的信念或看法，而非这些因素的客观存在。此外，该理论还关注个人的态度和社会规范，这些因素在效用最大化理论框架中几乎不被考虑。计划行为理论认为社会规范可能在选择汽车替代方案（步行、骑自行车甚至公共交通）时扮演重要角色。

二、社会认知理论和生态模型

社会认知理论最早由班杜拉（Bandura）提出和发展，主张根据人的特征、行为以及行为发生环境的相互关系来解释行为[15]。这一理论认为感知是环境影响个人行为的媒介，即客观环境通过对感知的影响来影响出行行为[16]。同时该理论又被称为"相互决定论"，强调人与环境特征决定行为并不是简单的线性关系，而是一个三元交互框架，由环境影响、认知和个人因素以及行为构成（图 2-2-1）。然而，这并不意味着每对变量之间的影响强度完全对称，也不表示相互作用同时发生。班杜拉提醒研究者们可以检查特定的双向关系，"无需

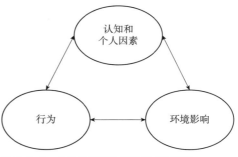

图 2-2-1 社会认知理论的三元交互框架
来源：作者根据参考文献 [16] 改绘

同时研究每一种可能的相互作用，也能够深入探究其中的机制"。该理论提出了多个有助于理解身体活动行为的重要概念[14]。其中，一个重要特征是强调环境（对个人行为有影响的外部客观因素）与情境（心理上可能影响行为的环境表征或感知）之间的区别。此外，结果期望也在该理论中扮演重要角色：个体了解到结果是由他们的行为所产生的，然后期望结果再次出现。这种学习方式可能来自于个人在相似情境下的经验、从他人那里获得的奖励或观察，甚至是自身对行为的情感和生理反应。

班杜拉提出的自我效能的概念在该理论中具有重要意义。自我效能指的是"个人对于完成某项特定活动的信心，包括克服实施该行为的障碍的信心"。班杜拉将其解释为"个人对影响生活事件的一定程度的控制感"。他认为自我效能感是表现的重要决定因素，并且在一定程度上独立于潜在技能。换言之，个体对自己能否做某事的信心，与其实际能力相比同等重要，甚至更为重要。个体可能通过自身先前的表现成就、观察他人的成就（"替代"学习）、口头说服以及其他社会影响来感知自身的效能。这些影响使其相信自身具备必要的能力，并通过身体反应来评估自身能力。

在社会认知理论的基础上，学者们提出并发展了生态模型，用于身体活动研究。与社会认知理论相比，生态模型的独特之处在于强调了物理环境的作用，而非仅仅关注社会环境[17]。这种模型是多层次的，通常将个人内部、人际和社区层次进行区分，并在这些层次之间进行进一步地细分。个人内部层次侧重于自我效能感的作用，人际层次则更注重社会环境，包括社会规范的概念；社区层面涵盖了物理环境，涵盖从微观（例如家庭）、中观（例如邻里）到宏观（例如地区以及更大的范围）的各个尺度。因此，生态模型强调了健康行为中多层次因素和多种环境影响的重要性。此外，Sallis 和 Owens 指出，特定行为模型的实用性强，因为不同因素对行为的影响程度不同[15]。行为环境的概念，即"行为发生的社会和物理环境"，对于理解环境对行为的影响也至关重要。因此，生态模型被视为设计有效的多层次干预措施以增加身体活动的重要指南。

三、社会心理学理论在积极出行领域的应用

在积极出行的背景下，社会心理学理论能够帮助理解个体选择出行方式的决策机制。个体对出行方式的态度、身边人的期望以及他们对自己是否有能力控制

这种行为，都会影响着他们是否选择积极出行。比如，一个人对步行或骑自行车的态度是否积极，他们的朋友或家人是否鼓励他们采取这种方式，以及个体是否感到能够轻松控制这种行为，都会影响最终的出行选择。

社会心理学理论的应用能够更全面地解释个体的积极出行行为和选择机制。它们不仅考虑了个体的态度、社会压力和自我控制对决策的影响，还将环境和个体的心理状态整合在一起，为研究者提供了理解和预测积极出行行为的框架。

第三节 理论框架整合

出行行为理论为概念模型的发展提供了基础，成为学者们定义变量、解释行为以及假设它们之间关系的指南。然而，以上这些理论各自都未能提供一个完整的框架来深入揭示建成环境和身体活动之间的联系。出行行为研究中应用的效用最大化框架将行为概念化为离散选择，并将解释性因素定义为这些选择的属性。其优势在于关注属性影响选择的机制，但并未提供关于将身体活动行为视为离散选择或相关属性的具体指导。相比之下，社会心理学框架下的计划行为理论和社会认知理论则专注于识别和定义影响行为的关键心理和社会变量。它们的优势在于将注意力放在个人的态度和信念等变量上，并将其用于对行为的解释，但并未描述这些变量影响行为的明确机制。总体而言，虽然效用最大化理论和社会心理学理论各自都不能对出行行为的形成过程提供完整的解释框架，但综合两个理论框架能够较为全面地解释居民是否积极出行以及积极出行的模式选择。

在积极出行的相关研究中，最大效用模型通常被用作分析出行行为决策环节的原则。在给定各种出行方式的效用和成本基础上，以效用最大化为目的推算最终的出行选择。此外，在考虑到人的非完全理性和主观认知特性后，效用最大化理论所包含的因素需要进一步扩展到记忆效用和多样性等心理满足层面。社会心理学理论中的计划行为理论则在心理学层面对出行行为决策环节进行补充。它表明人在选择出行方式时，考虑到效率最大化（或成本最小化）和其他因素对自身效用的提升，同时考虑到复杂的心理机制。这个决策过程是一个受多方面心理态度影响的复杂过程。

社会认知理论解释了外界因素对人的影响环节。它将建成环境、社会环境等外界因素与个人的心理联系起来。外界因素包括建成环境和社会环境，同时个体特征与认知也被纳入出行行为的形成机制。基于社会认知模型发展的生态模型更注重建成环境对人行为的影响。在外界因素中，建成环境通过影响居民的感知进而影响其出行行为的选择。比如在房屋或建筑设计方面，与街道设计相关的特征可能鼓励或阻止步行选择。此外，若建筑物的私人空间与公共空间联系更紧密，则可以创造更有趣的居住环境，并促进街道活动[18]。社会环境则通过居民的感知和心理状态影响最终的出行决策。研究显示社会和心理因素，如感知、态度、习惯和社会环境等对出行行为和模式选择具有重要影响[19]。

就两种理论的关系而言，效用最大化理论在不断得到补充和扩展后，已经包含了出行者的习惯和认知，尤其是在认识到出行的积极效用之后，居民对出行方式的态度和偏好被放在了更加重要的位置。同时，社会心理学理论中也默认包含了效用最大化理论。例如在计划行为理论中，主观效用最大化的假设是隐含的，人们的理性决策是以自身主观效用的最大化为目的的。同时，与效用最大化理论相比，社会心理学理论在解释影响行为的特定变量时更加明确，故本节以社会心理学对出行的解释框架为主体，对积极出行的理论进行了整合。

"态度—想法—动机—出行行为选择"这四个阶段是社会心理学框架的决策阶段（图2-3-1）。其中，认知行为控制和主观规范影响出行者的想法和动机，实际行为控制也即各种客观环境因素，既决定认知行为控制，又影响出行行为的决策。而效用最大化理论主要作用于由动机到出行行为选择之间的过程。在给定各种限制和选择的基础上，出行者会根据自己的偏好选择，以自身的主观效用最大化为目的，选择最合适的出行方式。

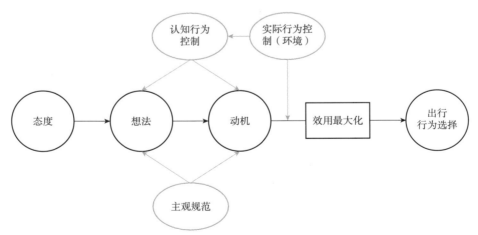

图2-3-1　理论框架整合图（黑色边框为决策阶段，灰色边框为关键影响因素与决策原则）
来源：作者自绘

总体而言，城市积极交通出行行为理论在深入理解和解释城市居民选择出行方式的心理机制方面发挥了关键作用。本章介绍了效用最大化理论和社会心理学理论这两个主要的理论框架，并尝试将其有机整合在一起，以更全面地解释城市居民出行行为的选择机制。然而，理论仅是认知的开端，下一步的关键在于将这些理论应用于实践，深入探索现实中居民出行行为选择机制。接下来的一章将聚焦于城市积极交通出行行为的影响机制，通过研究建成环境、社会环境和心理因素之间的相互作用，揭示这些影响因素对于居民出行行为的复杂影响路径。通过深入了解这些机制，我们将更全面地理解城市交通出行行为的形成过程，为制定更为有效的干预措施提供强有力的理论支持。

本章参考文献

[1] VAJDA, STEVEN. Qualitative choice analysis: Theory, econometrics, and an application to automobile demand [M]. Cambridge: MIT Press, 1986.

[2] MCFADDEN D L. The measurement of urban travel demand [J]. Journal of Public Economics, 1974, 3 (4): 303-328.

[3] UNCLES M D, BENAKIVA M, LERMAN S R. Discrete choice analysis: Theory and application to travel demand [J]. The Journal of the Operational Research Society, 1987, 38 (4): 370-371.

[4] MCFADDEN D L. The path to discrete-choice models [J]. Access Magazine, 2002, 1 (20): 2-7.

[5] DOMENCICH T A, MCFADDEN D. Urban travel demand—a behavioral analysis[J]. Journal of Public Economics, 1974, 3 (4): 303-328.

[6] JONES P M, DIX M C, CLARKE M I, et al. Understanding Travel Behaviour [M]. Surrey: Gower Publishing Limited, 1983.

[7] SALOMON I, MOKHTARIAN P L. What happens when mobility-inclined market segments face accessibility-enhancing policies? [J]. Transportation Research Part D: Transport and Environment, 1998, 3 (3): 129-140.

[8] MOKHTARIAN P L, SALOMON I, REDMOND L S. Understanding the demand for travel: It's not purely 'derived' [J]. Innovation: The European Journal of Social Science Research, 2001, 14 (4): 355-380.

[9] MOKHTARIAN P L, SALOMON I. How derived is the demand for travel? Some conceptual and measurement considerations [J]. Transportation Research Part A: Policy and practice, 2001, 35 (8): 695-719.

[10] KAHNEMAN D, WAKKER P P, SARIN R. Back to Bentham? Explorations of experienced utility [J]. The Quarterly Journal of Economics, 1997, 112 (2): 375-406.

[11] FISHBEIN M. An investigation of the relationships between beliefs about an object and the attitude toward that object [J]. Human Relations, 1963, 16 (3): 233-239.

[12] HACKMAN C L, KNOWLDEN A P. Theory of reasoned action and theory of planned behavior-based dietary interventions in adolescents and young adults: A systematic review [J]. Adolescent Health Medicine & Therapeutics, 2014: 101-114.

[13] BAGOZZI R P, LEE K H, VAN LOO M F. Decisions to donate bone marrow: The role of attitudes and subjective norms across cultures [J]. Psychology and Health, 2001, 16 (1): 29-56.

[14] GOLLWITZER P M. Implementation intentions: strong effects of simple plans [J]. American Psychologist, 1999, 54 (7): 493-503.

[15] BANDURA A. Social foundations of thought and action [M]. Englewood Cliffs: Prentice Hall, 1986.

[16] BARANOWSKI T, PERRY C L, PARCEL G S. How individuals, environments, and health behavior interact [J]. Health Behavior and Health Education: Theory, Research, and Practice, 2002, 3: 165-184.

[17] SALLIS J F, OWEN N, FISHER E. Ecological models of health behavior [M] // Glanz K, Rimer B K, Viswanath K. Health Behavior: Theory, Research, and Practice. 5th ed. Hoboken: John Wiley & Sons Ltd, 2015: 43-64.

[18] SCHUMACHER T. Buildings and streets: Notes on configuration and use [J]. On Streets, 1986: 133-149.

[19] WILLIS D P, MANAUGH K, EL-GENEIDY A. Cycling under influence: Summarizing the influence of perceptions, attitudes, habits, and social environments on cycling for transportation [J]. International Journal of Sustainable Transportation, 2015, 9(8): 565-579.

第3章

城市积极交通出行行为影响机制

第一节 积极交通出行的障碍和促进因素
第二节 城市规划与步行、骑行行为的实证研究
第三节 慢行交通设施对出行意愿的影响研究
第四节 环境干预策略的区域异质性
第五节 积极交通出行影响因素的实证研究

深入了解城市积极交通出行行为的影响机制并识别影响积极交通出行的驱动和障碍因素，是制定干预策略，以鼓励积极交通出行的基础工作。本章将深入探讨积极交通行为背后的动力机制和影响因素。通过分析这些因素，我们可以更好地进行城市规划和政策制定，鼓励更多的人选择健康、环保的出行方式。

本章共分为五个部分。在第一节"积极交通出行的障碍和促进因素"中，我们将探讨影响市民选择步行、骑行等积极交通方式的各种因素，包括社会人口属性、建成环境、社会环境、对于安全的感知以及慢行交通基础设施等因素对积极交通出行的影响。

第二节"城市规划与步行、骑行行为的实证研究"将进一步深入探讨社会环境和建成环境以及人们的主观感知环境如何影响积极交通出行行为。通过实证案例分析，我们将展示如何通过优化城市设计和社会政策来促进居民的积极交通出行。

第三节"慢行交通设施对出行意愿的影响研究"聚焦于人行道、自行车道等慢行交通设施，探讨这些设施如何影响人们的积极交通出行选择。这一部分将通过实证研究，分析不同类型的慢行交通设施如何影响市民的出行偏好和行为模式。

第四节"环境干预策略的区域异质性"将探讨不同区域的城市环境特征在影响积极交通出行方面的异质性，强调在制定积极交通出行干预策略的过程中，应充分考虑不同区域在城市环境特征、机动化水平以及交通文化等背景方面的差异性。

最后一节，基于西安的一项案例研究，探讨影响居民骑自行车行为的多维因素。这对于理解和改善中国乃至其他发展中国家城市弱势社区居民的出行方式具有重要意义。

总而言之，这一章不仅为城市规划者、政策制定者提供了宝贵的理论和实践指导，也为普通市民提供了关于积极交通选择的深入理解，推动构建更健康、更具活力的城市出行环境。

第一节 积极交通出行的障碍和促进因素

积极交通出行影响因素是出行行为领域的相关研究关注的焦点问题之一。总体而言,有关积极交通出行的驱动和障碍因素可以划分为以下五个方面,包括社会人口属性、建成环境、社会环境、对于安全的感知以及慢行交通基础设施。

一、社会人口属性

社会人口属性对交通出行选择有显著影响。这些因素包括年龄、性别、收入水平、受教育程度和机动化水平等。

在年龄方面,老年人和年轻人对步行出行的选择存在差异。老年人选择步行出行的概率随着其年龄上升而下降,但是也有研究发现超过60岁的老年人选择步行出行的次数更多。此外,一项关于美国圣地亚哥大学城师生日常通勤的研究显示,与学生相比,教职员工积极通勤的可能性更低,且年龄越大,积极通勤的概率越低[1]。5~15岁的年轻群体使用积极交通出行的比例逐渐降低,而16~44岁的中年群体使用积极交通的比例逐渐上升。

在性别方面,普遍情况下,男性对于是否选择积极交通出行方式呈现正态分布,而女性选择积极交通出行的可能性较低。尤其在美国、英国等骑行文化不太流行的国家中,性别差异更加明显。在美国,自行车出行人群中女性占比不到25%,然而在荷兰、丹麦和德国等自行车骑行文化高度繁荣的国家,性别差异则不那么明显。此外,有研究还显示,随着通勤距离的增加,男性骑自行车的概率相较于女性更大。

在收入和受教育方面,收入水平和受教育程度更高的居民更有可能选择积极交通出行。研究发现在丹麦等高骑行文化的国家,较长距离(超过5公里)通勤的骑自行车者往往收入水平较高。2001年到2017年关于美国积极交通变化的调查发现,受过良好教育的居民步行和骑自行车出行比例最高。荷兰的一项研究证明了这一点,其研究结果显示接受过高等教育的人更有可能使用积极交通工具[2]。这可能是由于受教育程度和收入水平较低的人群更看重私家车身份地位的象征意义,即选择使用汽车而不是积极交通工具不仅基于汽车的工具价值,而且还基于身份等象征和情感因素。

对于驾驶证持有情况而言,不同研究得出的结论存在一定异质性。一项基于PASTA(由欧盟资助聚焦积极出行的项目,包括安特卫普、巴塞罗那、伦敦、厄勒布鲁、罗马、维也纳和苏黎世七个城市)案例地的研究显示,拥有驾驶证的人群更有可能骑自行车,与不骑自行车的人相比,经常骑自行车的人中拥有驾驶证的比例较高[3]。在丹麦,自行车通勤的人群其居住地至工作地距离较短,并且拥有汽车和停车位的概率较低,因此驾驶证持有率较低。

二、建成环境

研究表明,建成环境与积极交通出行之间存在密切的联系。首先,建成环境密度对积极交通出行有着显著的正向影响。高密度的城市环境通过连接良好的街道网络和丰富的食品和零售选择,为居民提供了在社区内行走的便利,从而减少了对于私人小汽车的依赖。其次,土地混合利用对积极交通出行也有促进作用。鼓励和支持土地混合利用的社区(例如单位型社区和精明增长理念下发展的社区)以及多中心的城市空间结构有助于满足居民步行和骑行范围内的日常需求,从而促进积极交通出行。此外,目的地可达性对积极交通出行有正面影响,距离市中心越远,步行和自行车出行的概率越低。与此同时,可步行性和可骑行性对积极交通出行也有积极作用。可步行的社区通常具有紧凑的土地使用模式,可提供各种公共开放空间(例如公园、绿地和广场等)以及支持步行和自行车骑行的交通基础设施,这些因素对促进积极交通出行产生正向影响。

三、社会环境

社会环境对积极交通出行产生了深远影响,主要表现在犯罪率、事故发生率、社会经济发展水平和社会规范等方面。这些因素共同塑造了个体对步行和自行车骑行的态度和意愿。

首先,安全的出行环境是促进积极交通出行的关键因素。研究表明,在高犯罪率的地区,人们更不愿选择步行和骑自行车作为交通方式。同时,积极交通出行者更容易暴露于环境之中,因此对危险区域的避让意愿更强烈。

其次,道路安全直接关系到积极交通出行的吸引力。学校附近的步行事故率与步行上学的学生比例呈负相关。而对自行车通勤者而言,专用自行车道和限制最高车速有助于提升骑行的安全性。因此,提供安全的道路环境是增加积极交通模式吸引力的关键。

社会经济发展水平也与积极交通出行相关。在贫困社区,由于机动车拥有量不足,自行车成为补充机动性不足的重要工具,尤其在北美地区这种情况更加普遍。

社会规范是另一个影响积极交通出行的重要因素,身边亲密的人对积极交通出行的态度直接影响个体的出行意愿。此外,社会文化背景也对出行产生影响,例如自行车文化的盛行会影响人们对骑行的态度。此外,研究表明社会规范与建成环境存在交互作用。支持性的建成环境可以弥补负面社会规范的影响,而积极社会规范和建成环境相互加强,促进步行出行。

四、对于安全的感知

安全感知是影响积极交通出行的关键因素,包括对受伤和交通事故的感知、对交通流量的担忧以及对盗窃等犯罪行为的惧怕。发生交通事故的次数直接影响行人和骑自行车者的安全感知。研究显示,减少行人和自行车事故的数量将增加选择步行和骑自行车上班的可能性。因此,改善骑行环境,提升行人和骑自行车者的安全感知将增加选择积极交通出行的可能性。

此外,研究还表明安全感知存在性别差异。女性相比于男性更加关注骑自行车的安全性,害怕受到攻击和伤害是影响女性骑自行车通勤的主要障碍因素之一。研究表明,对于安全的感知是影响积极交通出行的主要因素,尤其是对于女性群体影响显著,且女性骑自行车上下班/上下学的比例显著低于男性。因此,对于女性群体而言,校园内外规划更多更安全的自行车道等基础设施,制定更多的交通法规,可以降低女性对安全的担忧程度,促进积极交通出行。

五、慢行交通基础设施

新建和升级慢行交通基础设施有助于促进步行和骑自行车出行。这包括自行车道、人行道、城市绿道以及交通安宁化措施等。自行车道提供了安全、高效的骑行空间，增加居民选择自行车出行的概率。设计良好的人行道可以促进步行交通的活跃度，但人行道的宽度设计需要考虑居民步行时的活动空间，通过合理限制宽度，既避免拥挤感，又保持街道的活力。城市绿道被认为能够加强以休闲为目的的积极交通出行，例如依靠自行车和步行的锻炼、观光和社交活动等。交通安宁化措施通过改善道路行驶条件，控制交通流量和速度，降低驾驶员的行车速度，保障行人和骑行者的安全。这不仅提高了道路的安全性，也为居民创造了更安心、宁静的出行环境，增加了他们选择步行或骑车的意愿，进一步推动了积极交通的发展。因此，在城市规划和设计中，应注重提供自行车友好的环境，包括改善道路和交叉口设计，增加绿地和公园，以及实施鼓励自行车使用的政策。这些措施将有助于促进慢行交通的发展，提升居民的出行体验和生活品质。

第二节 城市规划与步行、骑行行为的实证研究

城市环境的设计和布局深刻影响着居民的出行方式。作为政策干预的一部分，越来越多的研究证实，城市环境不仅能够影响人们的出行偏好和出行行为，还直接关系到出行体验，如出行满意度等。在交通出行行为研究中，城市环境通常被划分为物理环境和社会环境。其中，物理环境反映城市在宏观、中观和微观层面的物理特征。根据物理环境指标的来源与测度方式的差异，物理环境往往被划分成两种类型，包括客观环境和感知环境。客观环境往往是实测的，通过 GIS 获取周边的物理建成环境信息。在出行行为的相关研究中，建成环境往往被概念化为五个维度的特征（"5Ds"），包括密度（Density）、设计（Design）、多样性（Diversity）、目的地可达性（Destination Accessibility）以及到交通站点距离（Distance to Transit）。表 3-2-1 为 "5Ds" 具体的定义和常用属性。城市社会环境是由多层次要素构成的复合系统，主要包括社区社会经济结构中的资源劣势、社会规范与文化氛围的显性表征、公共安全治理水平以及犯罪率等关键指标。表 3-2-2 总结了物理建成环境与城市社会环境对积极交通出行的影响。

建成环境中的 "5Ds" 定义与常用属性　　　　　表 3-2-1

"5Ds"	定义	常用属性
密度	环境要素密度	人口密度；住宅单位密度；就业密度；建筑物密度；平均建筑楼层高度；容积率
（城市）设计	区域内的街道网络特征	街道美感：公园绿地占地比重；公园绿地平均斑块面积；路灯密度；行道树密度。 街道设计：平均街区大小；交叉路口数量（密度）；街道连通性；道路密度；自行车道密度；平均建筑后退区；平均街道宽度；人行横道数量 安全性：过街天桥数量；每年报告的行人交通意外事故数量；主要街道上的汽车平均速度；每年报告的交通事故死亡人数；每年报告的犯罪数量

续表

"5Ds"	定义	常用属性
多样性	特定地区不同土地用途的数量及其代表程度	土地利用熵指数；就业与住房比率；就业与人口比率（职住比）；多用途（两种及以上）建筑面积比重
目的地可达性	前往目的地的便捷性	到中央商务区（或城市中心）的距离；在给定的旅行时间内可以到达的工作或其他兴趣点（学校、医院、购物中心、银行等）的数量；从家到最近的商店的距离
到交通站点距离	住宅或工作场所的交通服务水平	从住宅或工作场所到最近的火车站或公共汽车站的距离；运输路线（公交线等）密度；单位面积的车站数量；公共汽车服务覆盖率

来源：作者自绘

城市环境类型及其对积极交通出行的影响　　　表 3-2-2

城市环境类型		对积极交通出行的影响描述
物理建成环境	5Ds- 密度	城市建成区密度有助于促进积极交通出行。周边的公共服务设施密度越高，步行和自行车出行能够更容易地获得各种机会，从而提升积极交通出行的概率。然而，极端的高密度可能会阻止步行出行
	5Ds-（城市）设计	步行和骑行的支持性设施（步道、绿道和自行车道）有助于促进积极交通的出行，但对于这些设施是否能够改善积极交通出行的不平等依然存在争议。道路交叉口密度越高，骑行的安全风险越大，对骑行频率和偏好带来负面影响，但也有一些研究得出了相反的结论。建筑后退红线距离越大，越有利于促进步行出行。绿色开放空间有助于促进积极交通出行，尤其是休闲出行，但过多的公园和绿色开放空间也会成为积极通勤或通学过程中的阻碍。良好的街道照明（密集的路灯）有助于促进积极交通出行。更高的街道美感有助于促进积极交通出行和身体活动
	5Ds-（土地利用）多样性	鼓励和支持土地混合利用的社区（例如单位型社区和精明增长理念下的社区）以及城市空间结构（多中心城市）有助于满足居民步行和骑行范围内的日常需求，从而促进积极交通出行
	5Ds- 目的地可达性	对于成人而言，居住地距离工作场所越近，采用积极交通模式上班的可能性越高。对儿童而言，到学校距离越远，采用积极交通模式上学的比例或出行频率越低
	5Ds- 到交通站点距离	公共交通站点可达性（或公共交通服务密度）可能会促进积极交通出行，也可能会对积极交通出行带来负面影响，取决于积极交通出行的类型（步行或自行车出行等）以及积极交通与公共交通的关系（互补或替代关系）
	可步行性或可骑行性	感知的步行和骑行条件越好，积极交通出行的可能性越大。对可步行性的积极感知可以一定程度上缓和对步行不利的建成环境对积极交通的负面影响
社会环境	社区社会经济劣势	社会经济发展处于劣势，资源匮乏的社区共享单车使用率更高
	社会规范	他人（亲密的朋友、家人、伴侣和同事等）对积极交通的支持或反对态度影响居民对积极交通的使用。在影响积极交通出行的过程中，社会规范与建成环境存在交互作用
	安全性、暴力和犯罪	积极交通出行的环境暴露率更高，暴力、犯罪和道路交通风险会对积极交通出行带来负面的影响

来源：作者自绘

一、建成环境

（一）建成环境密度

在密度方面，一般而言，建成环境密度对于提升积极交通出行的比重有着显著的正向影响。高密度的城市环境通过连接良好的街道网络提供了丰富的食品和零售选择，从而支持居民在社区内步行活动，减少了对于私人小汽车的依赖。然而，研究发现，建成环境与积极交通出行之间的关系并不是线性的。

一方面，建成环境变量对积极交通的影响可能存在高于或低于梯度差异的阈值。当超过一定阈值之时，建成环境才会对积极交通出行产生影响。例如，一项基于澳大利亚昆士兰州的研究显示，当住宅密度、步行得分以及街道连通性指标位于前五分位数时，这些指标对自行车出行的促进作用才显著[4]。另一方面，建成区密度并不总是促进积极出行，极端的高密度城市环境可能会限制生活空间的流动性或导致娱乐休息设施的不均，并增加居民在交通拥挤、噪声和污浊的环境中的暴露，从而抑制积极出行。基于荷兰和芬兰的案例研究表明，城市密度越高，儿童使用积极交通出行的可能性也越低。对于这种现象有一种解释是，在高密度的城市环境里往往拥有更多的交通模式（例如公交、地铁和电车等）可供选择，从而降低了使用积极交通的可能性。

调查显示，居民对小型建筑和高覆盖率感到舒适，对于高层建筑和低覆盖率感到压抑（图3-2-1）。周边地区的交通设施和土地规划可以影响人们的出行决策，如果周边有更多的目的地可以步行到达，人们可能更愿意选择步行。在高密度的环境中，将会有更多的居民处于公交车站的步行或骑行可达的范围内，因此将会有更多的居民采取步行或自行车出行等慢行交通方式。还有些研究表明，住宅密度、目的地的可用性和街道连通性与骑自行车呈线性相关。居

图3-2-1　适宜的建筑高度和覆盖率
来源：作者自摄

住密度和街道一体化每增加 1 个十分位数，自行车使用率分别增加 13%、16% 和 10%[4]。因此，在建筑环境属性中存在一个阈值，当超出该阈值时，居民选择骑自行车出行的可能性更大。

此外，一些研究也发现，城市密度与积极交通出行的非线性关系还体现在本地（便利设施）可达性与出行行为之间关系的不连续。在低设施密度的社区，设施可达性在促进积极交通出行方面发挥重要的作用，而在高设施密度的社区，相比可达性和设施密度，本地设施的多样性反而更加重要。

（二）城市设计特征

在城市设计方面，良好的街道连通性提升了城市的渗透性，缩短了到达目的地的距离，并为步行和自行车出行提供了更多的替代路线，从而鼓励积极交通出行。道路交叉口密度和数量通常与积极交通出行呈现负相关，因为过多的道路交叉口意味着频繁地穿越马路，从而增加交通安全的风险。然而，一些研究也得出了相反的结论，发现道路交叉口密度和数量与儿童积极采用积极交通模式上学的频率呈现显著的正相关关系。这是因为道路交叉口的数量越多、密度越高意味着街区越小，越有利于步行。较大的街区通常伴随着更宽的道路和更大的交通量，这意味着儿童在步行上学和放学过程中穿越社区会变得更加困难。与此同时，更多的绿色开放空间能够增加积极交通出行（尤其是以休闲为目的的出行）。然而，一些研究也发现绿色开放空间的比重与积极通勤和积极通学呈负相关。在某些情况下，开放空间和绿地（例如大型公园）的存在可能会阻碍出行，尤其是追求出行速度的通勤。此外，照明良好的路段通常被认为是安全的步行场所，能够降低犯罪水平并增加出行的安全感，从而促进积极交通出行。研究还发现更高的街道美感有助于促进积极交通出行，提升居民的身体活动水平——当提升男性对街道美感的感知后，总体步行活动增加的可能性将会是未改变感知的男性群体的两倍。

在所有与城市设计相关的要素中，既有研究对于步行和骑行的支持性设施的讨论最为丰富。新建和升级支持步行和自行车的基础设施（例如人行道、绿道和自行车道）有助于促进积极交通的出行。这一举措的积极效应在英国、澳大利亚、加拿大等国家已经被证实。城市中的人行道和自行车道的建设对于所有目的积极交通出行都能够带来显著的促进效应（图 3-2-2）。其中，专用自行车道（自行车高速路）在促进积极通勤方面具有一定的潜力。此外，城市绿道被认为能够加强以休闲为目的的积极交通出行，例如依靠自行车和步行的锻炼、观光和社交活动等。

然而，有关自行车道和步道的建设能否改善积极出行方面的不平等，从而带来更加公平的健康效应这一问题，当前的研究结果依然存在争议。一项关于英国步行和自行车线路建设计划的自然试验研究显示，这一计划有助于提升不太活跃的群体（例如女性、老年人、残疾人和慢性疾病患者等）的身体活动水平，从而减少积极交通出行和健康方面的不平等[5]。然而，也有研究发现积极交通出行设施的建设可能仅仅会对倾向于使用积极交通的群体带来影响，而在吸引新的群体方面的效果是有限的。例

图 3-2-2　设计良好的人行道
来源：作者自摄

如，在澳大利亚布里斯班，自行车专用道的建设使得从郊区到市中心的自行车骑行群体有所增加，但并没有增加自行车对其他群体的吸引力，例如妇女和儿童[6]。因此，针对不常使用积极交通出行的群体，或者在积极交通出行过程中处于弱势的群体，仅靠基础设施的建设以提升他们的出行意愿可能存在一定的局限。

（三）土地利用多样性

研究表明，土地混合利用与积极交通出行之间存在一定联系，特别是靠近商业中心、工作中心以及其他非住宅用地的居住区，与居民更多地采用积极交通出行有关。一项基于英国诺福克地区的研究显示，居住区周边（800米范围内）就业机会点密度越高，居民越有可能采用积极通勤[7]。多样化的建成环境有助于缩短日常出行（例如购物和上班等）的距离，从而导致更低的私家车拥有率和更高的积极交通出行比例。土地利用多样性与步行、骑行等积极交通出行行为呈正相关关系。然而，如果考虑积极交通出行的频率（或出行持续时间）而不是倾向（或意愿）的话，土地混合利用也可能会对积极交通出行带来负面影响。这是因为在积极交通出行范围内的土地利用混合度越高，居民越能够在一次出行的基础上

实现多个目标，从而减少积极交通出行的频率。在社区层面，居住在功能混合的社区的居民往往更倾向于采用积极交通出行。

在中国，土地混合利用的代表是计划经济时代新建的单位型社区。这种社区体现了一种紧密的工作—居住模式，被证明有助于提升积极交通出行的比重。在美国，紧凑发展（精明增长）理念下的社区强调功能的混合，与机动化导向的社区相比更有助于步行出行。此外，在城市层面，多中心的城市结构也被证实有助于促进非机动化出行。这是因为多中心城市结构鼓励和支持紧凑和混合用途的土地开发，从而为每个中心周围的人口提供公共服务、住房、就业岗位和娱乐机会，满足积极交通出行范围内的可达性需求。

（四）目的地可达性

目的地可达性对积极交通出行带来正面影响。在日常出行方面，一项关于挪威奥斯陆地区非机动化交通出行的影响因素研究表明，距离市中心和二级城市中心越远，在步行和自行车出行上花费的时间越少[8]。在积极通学方面，校园距离对积极通学产生显著的负面影响，即距离学校越远，采用积极交通模式上学的意愿、频率与学生比例越低。在所有距离测量的模式中（欧几里得距离、曼哈顿距离、步行网络距离和驾驶网络距离）中，欧几里得和步行网络距离被证实是决定步行上学的最佳预测因子。

一般而言，积极交通出行通常具有较短的距离阈值，当超过这个阈值之时，舒适性和便捷性将会降低，而机动化交通将会占据主导。研究表明，出发地与目的地之间的距离是解释出行模式（共享单车和出租车）选择的重要因素。当出行距离较短时，人们会倾向于选择共享单车，而当出行距离超过 6~8 公里的距离阈值之时，选择共享单车的可能性会迅速下降。在大学生积极通学过程中，区分步行者和被动通勤者的阈值距离为 2.6 公里，区分骑自行车者和被动通勤者的阈值距离为 5.1 公里。在德国，当上学的距离超过 600 米时，小学生步行的比例从 85% 下降到约 60%，并在 1.2 公里的距离时下降到 34%，而自行车骑行的上限是 1.2~2 公里（14%）[9]。另一项针对中国香港儿童的研究也显示，出行距离是影响儿童积极通学的关键因素，大多数步行上学的儿童都居住在学校附近 10~15 分钟的步行范围内[10]。

与此同时，出行距离对积极交通出行的负面影响也会受到出行沿线其他建成环境指标的调节。一项针对荷兰儿童积极通学的研究发现，在控制建成环境指标之后，上学距离的影响就不再显著。这是因为建筑环境特征通过增加建筑的多样化来吸收距离效应，使得更长的距离被视为不那么令人沮丧，距离也就不再是一个重要的决定因素。此外，目的地可达性也会调节其他建成环境对积极交通出行的影响。在某些情况下，当靠近街道目的地之时，行人可以忍受一些较差的步行环境，并形成更好的感知步行性水平。

（五）到交通站点距离

在影响积极交通出行的变量中，与公共交通相关的环境与特征也受到了广泛的关注。在"5Ds"指标中，到交通站点的距离不仅包括交通站点的可达性（最短距离），也包括一定距离范围内站点和线路的密度以及公共交通服务频率等特征。一些研究发现，到公共交通站点可达性和站点（以及服务）密度与积极交通出行之间的关系可以是正相关关系，也可以是负相关关系。这种差异取决于公共交通与积极交通出行的关系（互补或替代关系）。当公共交通与积极交通之间为替代关系之时，公共交通站点可达性和服务密度的提升可能会对积极交通出行带来负面影响。

一项关于美国圣地亚哥大学城师生日常通勤的研究显示，到轻轨距离的增加使得骑自行车、步行或公交通勤的概率略有增加，而社区内的公交站点数量较多时，积极通勤的可能性反而降低，这表明在特定通勤距离内公共交通与积极交通存在替代效应[1]。然而，更多的研究发现积极交通出行与公共交通服务之间存在互补关系。在中国厦门，居民自行车出行受到公交站点密度的负面影响，但步行出行则与公交站点密度之间存在正相关关系。此外，一项基于丹麦的研究表明，公共交通站点的可达性、站点密度以及服务频率等都会促进积极交通出行[11]。然而，大部分有关公交站点可达性和公共交通服务密度与积极出行的研究都是基于截面数据的分析，而无法反映两者之间的因果关系。一项在英国剑桥郡开展的准实验设计揭示了公共交通基础设施与自行车通勤行为变化之间的因果路径[12]。靠近公交专用线可以通过影响居民对交通量减少和公共交通便捷性提高的感知，从而增加自行车出行；然而，感知到的更便捷的公共交通也会促进部分人群增加对公共交通的使用，从而减少自行车出行。

（六）可步行性和可骑行性

可步行性也被认为与积极交通出行密切相关。在现有研究中，可步行性是一个多维的概念，强调社区密度（人口和建筑物等）、土地利用混合度（不同功能和活动点的组合）以及进入网络（可达性、渗透性和网络连通性，调度目的地之间的流量）三种城市形态的组合。与汽车导向的开发模式相比，可步行的社区通常具有紧凑的土地使用模式，可提供多样化、高度可达和具有吸引力的日常出行目的地（活动点），各种公共开放空间（公园、绿地和广场等）以及支持步行和自行车骑行的交通基础设施。这些环境设施使得将积极交通出行融入日常生活以达到功利性和娱乐性目的变得更加容易。既有研究表明，随着可步行性指数的提升，采用积极交通出行的人群比例、出行频率和积极交通出行时间也随之提升，有效抑制了私家车出行。除了对积极出行带来直接影响，高度可步行的社区环境也能够促进社会互动并增强社区凝聚力，从而进一步对积极出行带来促进效应。

然而，一些研究也强调，现有研究揭示的可步行性与积极交通出行之间的正向关联可能归结于居住自选择，即偏好积极交通出行和更多身体活动的人群更倾向于居住在适合步行的地区。在此背景下，一些研究通过使用回顾性的问卷访谈获得居民搬迁前后的纵向数据，用以探讨环境变化与身体活动之间的复杂关系，以消除居住自选择的影响。研究表明，在控制了搬迁的生活偏好与居住自选择后，社区可步行性依然显示出对积极出行的正向影响。

与此同时，一些研究强调，由于步行和骑自行车具有不同的功能，因此影响每种模式的建筑环境维度可能存在不同，进而可步行性和可骑行性的测量也存在一定的差异。对于步行而言，紧凑的城市建成环境有利于缩短到目的地的距离，从而有助于促进步行出行。然而，紧凑的城市环境也带来交通拥堵，从而威胁自行车骑行者的骑行安全。因此，专用的自行车道和交通分离作为提升骑行安全性的举措，在衡量可骑行的过程中至关重要（表3-2-3）。

现有文献关于可步行性和可骑行性的界定　　　　　表3-2-3

类型	参考文献	考虑的因子（方面）	计算单元
可步行性 Walkability	参考文献[13]	自行车设施（自行车道密度、与机动车交通分离）；自行车友好型道路（当地街道、自行车道和越野路径）的连通性；地形（坡度）；目的地密度（适合自行车出行的目的地数量）	连续表面：10米网格单元
	参考文献[14]	住宅密度；零售容积率；道路交叉口密度；土地利用组合	500米和1000米缓冲区
	参考文献[15]	连通性（行人基础设施的连续性）；便捷性（土地使用多样性）；舒适性（路面质量）；欢乐性（活动服务时间）；突出性（有独特的地标）；兼容性（人行横道处的交通安全）；承诺（执行行人无障碍设施规例）	路段

续表

类型	参考文献	考虑的因子（方面）	计算单元
可骑行性 Bikeability	参考文献[16]	自行车友好的物理环境（避免混乱以增加骑行安全、自行车设施的便捷可用、宜人的邻里环境）；骑自行车的潜在冲突（与行人和机动车的冲突、骑行者的内部冲突）；支持性的社区（自行车设施建设和管理维护、教育和提供安全的自行车骑行信息、自行车租赁服务和骑行奖励）；自行车文化（家庭、同龄人和社会文化）	受访者自我报告的感知可骑行性

来源：作者自绘

二、社会环境

社会环境也被证实能够对积极交通出行带来影响。首先，安全的出行环境（主要指遭受更少的犯罪威胁）有助于促进积极交通出行。与采用私家车或公共交通出行的人群相比，积极交通出行的群体充分暴露于沿线的环境之中，因此更倾向于避开他们认为危险的区域。一项针对纽约市的研究表明，高犯罪率是阻碍出行者选择积极交通模式出行（无论是出发地、目的地还是过境交通）的重要因素。这是因为与公共交通出行和私家车出行相比，以步行和自行车为主的积极交通出行的暴露率更高，更容易遭受暴力和财产犯罪的影响。

此外，道路安全也是影响积极交通出行的重要因素。学校附近步行（碰撞）事故率越高，步行上学的学生比例越低。与犯罪率相比，碰撞率对自行车骑行者的影响要大得多（弹性影响是犯罪率的3.6倍）。对于采用自行车通勤（和通学）的人群而言，提供专用的自行车道并限制最高车速有助于提升骑行的安全性，从而提升自行车出行的吸引力。

社区社会经济发展水平也与积极交通出行，尤其是自行车的使用有关。这是因为收入水平制约了机动化水平，导致私家车拥有量不足。因此，自行车尤其是共享单车在很大程度上弥补了机动性的缺陷，从而导致贫困社区拥有较高的骑行率，尤其是在北美地区。然而，一些研究也发现了相反的现象。在英国，尽管英国的贫困地区往往位于市中心，并且拥有更好的自行车基础设施和安全的交通环境，但是生活在贫困地区的人比生活在非贫困地区的人骑自行车的可能性更低，尤其是在休闲自行车的使用上。在澳大利亚墨尔本的高密度区域，与低社会经济水平社区相比，位于高社会经济水平社区的居民更有可能步行出行，这是由于高社会经济水平社区的出行安全性和目的地可达性更高。

社会规范也被证实能够对积极交通出行带来影响。出行者身边亲密的朋友、家人、伴侣和同事等对积极交通出行的支持或反对性态度也会影响出行意愿和态度。此外，自行车文化等社会文化背景也会对积极交通出行带来影响。例如，有些道路使用者将骑自行车的人视为不属于街头的"局外人"创造了一种反自行车文化，从而让骑自行车的人感到不安全和被忽视。一些研究证实，社会规范对积极交通出行的影响并不是独立的，而是在影响出行过程中与建成环境存在交互作用。一方面，支持性的建成环境和积极的社会规范相互加强，有助于促进步行出行。另一方面，建成环境与社会规范之间也存在补偿效应，即支持性的建成环境可以补偿影响积极出行的负面社会环境。一项关于墨尔本大都市区白领群体积极交通出行的研究显示，在社会规范影响积极交通出行的过程中，对工作场所建成环境（尤其是安全和便捷的自行车设施）的积极看法会在一定程度上缓和消极的社会规范对积极交通出行的负面影响。

三、客观环境与主观感知环境

在考察建成环境对积极交通出行影响的过程中，除了考虑客观建成环境指标之外，主观感知的建成环境也很重要。客观测量的邻里环境反映邻里建成环境的属性，而主观感知环境依赖于个体在生活的邻里环境中发展起来的认知结构与表征，两者往往存在很大的差异。例如，一些研究中针对土地利用组合和零售密度等建成环境属性的分析表明，自我报告的指标与客观测量的指标之间的一致性水平较低。主观感知和客观环境的不匹配也在不同区域和人群中存在异质性。在年轻群体和老年群体、低收入群体和受教育程度较低的群体，以及最近搬进新住宅的群体之中，一致性水平往往较低。在欧洲的一项研究中，在低密度社区之中，主观感知环境和客观环境与肥胖关联的不匹配程度高于高密度的社区[17]。

与客观测量的建成环境相对应，所有相关的指标都可以通过受访者的自我报告获取，包括对于建成区密度、土地利用混合度、设施可达性、可步行性或可骑行性以及安全性等方面的感知。一些研究强调，与客观建成环境相比，感知的邻里环境对积极交通出行行为和出行意愿也至关重要。大部分研究将主观感知环境作为客观测量环境的替代和补充，探讨主观感知环境与积极交通出行的独立关联。在自行车出行过程中，骑行者对城市环境的感知主要包括四个维度，即自行车（积极交通）基础设施、公共空间质量、交通环境和非建筑环境。在自行车基础设施方面，对积极交通出行设施和条件的良好感知有助于促进步行和自行车出行。例如，在感知的骑行环境中，对"骑行空间分配清晰度"的满意度越高，居民未来的骑行意愿也越高。感知的步行条件越好，骑自行车出行的可能性也越大。对公共空间质量的感知涉及街道美学和公共空间愉悦性，这些环境要素对积极交通出行带来了正面的影响。在斯德哥尔摩都市区的通勤环境中，感知到的美丽、绿色和安全的环境刺激了自行车的骑行意愿[18]。对交通环境的感知包括对道路安全性（交通安全威胁）以及出行环境中不良行为（例如犯罪）等方面的感知，这些通常都是阻碍积极交通出行的因素。在自行车骑行的过程中，对于安全的感知使得骑行者往往会选择交通量更低的街道以及安全的自行车道。此外，非建筑环境（社会环境）也是感知环境的重要组成部分，包括社会规范和社区凝聚力等。

越来越多的研究强调了主观感知和客观测量环境的互补性，探讨了客观环境、感知环境和积极交通出行之间的相互作用。根据环境心理学的"刺激—机体—反应（Stimuli-Organism-Response，SOR）"模型，客观环境通常影响主观的环境感知，进而影响出行行为。客观测量的建筑环境除了直接影响积极交通出行之外，也通过心理因素（出行满意度、态度以及对环境的感知）等中介作用带来间接的影响。一项基于伊朗的案例研究表明，背景变量不仅具有直接影响，而且可以通过态度和旅行满意度间接影响大学生主动交通方式的选择[19]。除了态度与满意度之外，这种心理因素包括对出行环境的感知。一些研究发现，（物理）建成环境对积极交通出行的影响取决于个人对其生活环境的主观态度。环境感知在客观测量的建成环境影响积极交通出行的过程中发挥了积极的调节效应。还有的研究发现，在采用步行或自行车前往购物中心的过程中，对于感知的可步行性的积极看法在一定程度上缓和了对积极交通出行不太友好的建成环境的影响。这意味着提高居民对于积极交通友好型环境属性的认知对于促进积极交通出行至关重要。此外，感知环境的差异也是导致建成环境对男性和女性积极出行产生差异化影响的原因之一（图3-2-3）。例如，由于不同性别的人群对于环境的体验是不同的，一些环境要素（例如自行车设施）可能鼓励男性更频繁地使用自行车出行，但并不足以给女性带来愉快的体验。

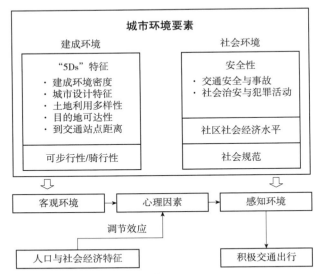

图 3-2-3　城市环境影响积极交通出行的主要路径框架
来源：作者自绘

第三节 慢行交通设施对出行意愿的影响研究

一、慢行交通设施的定义与分类

慢行交通是与城市机动化高速和快速交通相对的概念，通常是指行驶速度小于每小时 15 公里的交通方式，主要包括步行和非机动车行驶（主要指自行车）两种方式。慢行交通是居民短距离出行的主要方式，对改善环境质量、促进交通系统和城市可持续发展有着重要作用。在西方国家，例如荷兰、丹麦和英国，慢行交通系统已经相对完善。近年来，国内城市如上海、北京和杭州也开始大力发展慢行交通。

城市慢行交通基础设施是指为慢行交通者提供出行空间的设施，包括城市道路以及小区内部、城市广场和商场的慢行通行设施。这些设施包括行人设施如人行道、人行横道、安全岛、天桥与地道等，以及非机动车设施如自行车专用路、自行车专用道、自行车道、机非混行道和自行车停车场。其中，自行车道是在城市道路上通过标志标线等实现非机动车与机动车隔离的，主要用于非机动车通行的车道；机非混行道是城市道路上非机动车与机动车共同利用道路资源的道路。这些设施为慢行交通者提供了安全、便利的出行环境，促进了城市交通的可持续发展。

二、慢行交通设施对出行意愿的影响

在城市设计的众多要素中，步行和骑行的支持性设施受到了最为广泛的关注。新建和升级这些基础设施，如步道、绿道和自行车道，对于促进积极交通出行具有显著效果。这一观点在英国、澳大利亚、加拿大等国家的研究中已经被证实。

自行车道是城市交通网络的重要组成部分，专为自行车设计，通常以独立的板块形式存在，与其他道路相互连接。自行车道的合理设计对于鼓励居民选择慢

行交通方式具有重要影响。良好设计的自行车道不仅提供了安全、高效的骑行空间，还为居民提供了便利，鼓励他们采取环保、健康的自行车出行方式。纽约的一项实验数据表明，当家庭和工作所在地的自行车道总比例增加1%时，居民选择自行车的概率增加1.13%。另一项研究也指出，增加受保护的自行车专用车道可以促进积极交通的出行，因为这将给自行车骑行者带来更多的安全感，因此居民将更有可能选择自行车出行（图3-3-1）。

人行道作为慢行道路系统的重要组成部分，使居民能到达机动车和非机动车不能达到的地域，通过将行人与机动交通分离，大大改善了行人的安全和便利感知。平坦、高质量、无障碍的人行道对于促进步行出行具有重要作用。研究表明，增加人行道宽度将促进人们选择积极交通的出行方式。然而，人行道的宽度设计需要有一定的限制，如果人行道设置过宽，会使街道失去活力。因此，应合理依据当地人口数量和调研设计最合适的人行道宽度。

在密集的街区网络中，交叉路口更多，这使得行人更容易、更安全地穿越道路，直接影响着人们选择步行出行的可能性。随着十字路口数量的增加，行人的步行路线也变得更加多样化。他们不受限于固定的路径，因此在行走过程中体验到更多的愉悦和自由感。这种自由感可以激发人们步行的意愿，从而提升城市中步行交通的活跃度。

城市绿道对积极交通出行有着显著的影响，尤其在休闲、锻炼和观光等活动中（图3-3-2）。然而，不同区域绿道系统与积极交通出行之间的关系也存在差异。位于城市区域的绿道更多地体现"本地"和"城市"特征，不仅承担周边社区居民频繁的以休闲娱乐为目的的访问，同时也加强了公共服务设施与活动场所（例如公园、餐馆、商店等）连通性和可达性，改善了周边社区的步行和骑行环境。由于城市绿道已经嵌入社区环境之中，居民可以通过积极交通轻松地访问绿道。与此同时，位于郊区的绿道体现"区域"和"郊区"特征，主要用于锻炼和体育活动（通常为自行车骑行），用户密度与访问频率也相对更低。这是因为大部分的用户居住在远离郊区绿道的地区，需要依靠机动车实现对绿道的访问。

交通安宁化措施也影响着人们的出行意愿。交通安宁化的理念最早起源于欧洲，是指改善道路行驶条件，结合交通工程技术，以降低驾驶员的行车速度，从而保障行人和骑行者的安全。在实施交通安宁化措施时，通常采取两种方法：交通量控制和速度控制。交通量控制措施集中在减少特定道路的交通流量方面，主

图 3-3-1　隔离自行车道　　　　　　　　　图 3-3-2　墨尔本绿道系统
来源：作者自摄　　　　　　　　　　　　　来源：作者自摄

要手段包括道路缩窄、全封闭或半封闭、交叉口对角封闭、强制转向导流岛等。速度控制措施则侧重于改变道路路面条件，迫使驾驶员减速。常见的速度控制手段包括减速带、人行道凸起、交叉口凸起以及环形交叉口等。由于道路变窄、车速降低，行人和骑行者更容易穿行于街道之间。特别是在环形交叉口的设计中，这种措施有效降低了车速，大幅减少了交叉口交通事故。这种安宁化的交通环境不仅提高了道路的安全性，也为居民创造了更加安心、宁静的出行环境，增强了他们选择步行或骑车出行的意愿，进一步推动了慢行交通的发展。

第四节　环境干预策略的区域异质性

中西方城市在机动化水平、城市环境以及文化背景等方面存在较大的差异。这不仅影响城市环境对积极交通出行的效应，也导致中西方学者在相关研究中的侧重点有所不同。一些研究关注了城市环境影响出行行为以及儿童积极交通出行行为在不同区域的差异。然而，城市环境对积极交通出行的影响在不同区域（尤其是中国、欧洲、北美/澳大利亚）是否存在差异，相关的研究和讨论有限。基于对现有研究的分析，中西方有关城市环境影响积极交通的研究在研究侧重点和结论方面主要表现出以下几个方面的差异。

一、建成环境

（一）建成环境密度

在北美和澳大利亚，密度通常与积极交通出行呈现正相关关系，而中国和欧洲的情况则有所不同。在北美和澳大利亚低密度的城市环境之下，大多数研究发现高密度环境（包括人口、就业岗位、住宅和活动点密度等）有助于促进积极交通出行。一项研究显示，2001—2009 年，整个大洛杉矶地区的步行出行份额提升了 4.4%，而步行出行的增加与人口、就业和交通（公交站）密度的增加相对应[20]。然而，在中国和欧洲，尽管一些研究证实了密度与积极交通出行的正相关关系，但更多的证据发现密度与积极交通出行无关，甚至呈现负相关和非线性的关系。中国城市密度高，且呈现出空间紧凑和多核心的城市形态。在欧洲，尽管城市人口密度逐渐下降，但城市形态依然保持紧凑型的特征，这些特征保障了积极交通出行范围内的良好可达性。此外，尽管一定的高密度环境有助于促进积极交通出行，但过高的城市密度可能对积极交通出行带来负面影响。一方面，极端的高密度环境可能会限制生活空间的流动性，并增加居民在交通拥挤、噪声和污浊环境中的暴露，从而抑制积极交通出行；另一方面，高密度环境往往拥有更多的交通模式（例如公交、地铁和电车等）可供选择，从而降低了积极交通出行的可能性。因此，城市密度可能与积极交通出行呈现倒"U"形关系，这在中国的几项研究中得到了证实。因此，在欧洲和中国的高密度城市环境下，提升城市密度可能并不是促进积极交通出行的良好策略。相反，在澳大利亚和北美，尽管少量研究也发现了非线性的证据，但由于城市密度较低（通常在阈值效应分界点的密度值之下），提升城市密度可以促进积极交通出行。

（二）可步行性/骑行性与土地利用多样性

很多北美和澳大利亚的案例研究支持可步行性和土地混合利用与积极交通出行的正相关性。在北美和澳大利亚，高度的私家车拥有量导致了以机动车为导向的城市土地开发模式，城市蔓延、功能单一的用地开发以及城市中心的衰落成为一种普遍的现象。这种依赖私家车的城市形态和空间结构不利于以步行和自行车出行为代表的积极交通的发展。在"新城市主义""精明增长"和"紧凑城市"等规划理念的影响之下，城市和社区规划更加强调高强度的土地开发、混合的土地利用以及适宜步行的邻里环境。新的城市和社区规划策略为积极交通出行创造了支持性的城市环境，并在一定程度上提升了步行和自行车出行份额（尤其是在北美）。在欧洲，由于不同国家在机动化、积极交通流行率以及城市形态等方面存在差异，可步行性和土地利用混合度对积极交通出行的影响亦不同。在法国和英国等积极交通出行率较低的国家，可步行性和土地的混合利用依然是促进积极交通出行的重要指标。而在积极交通出行率较高的国家，例如荷兰，土地利用混合度对积极交通出行（尤其是自行车出行）的影响通常并不显著。在中国，无论是在计划经济时代还是市场经济时代，城市和社区规划往往强调功能的混合（例如计划经济时代的"单位"制度以及当前的"十五分钟社区生活圈"规划），这也导致中国城市具有高混合度（功能）的城市特征。因此，大量有关中国城市的案例研究发现混合的土地利用可能与积极交通出行（尤其是自行车出行）并无直接关系。

（三）城市设计特征

城市道路设计特征对中西方城市积极交通出行的影响存在区域异质性。道路连通性（通常是指道路交叉口密度/数量或三向/四向交叉口与所有节点的比值）一般与北美和澳大利亚城市的积极交通出行呈正相关，但在中国和欧洲城市则呈现更复杂的关系。在北美和澳大利亚城市蔓延的过程中，道路网络的蔓延伴随着尽端路的增加，使道路连通性降低。因此，随着道路连通性的增加，居民不仅获得更好的步行可达性，而且能够更灵活地选择积极交通出行的路线。然而，在中国和欧洲，道路连通性对积极交通出行的影响可能并不显著。高密度、小尺度的街区单元往往伴随着较高的街道网络渗透性，随着道路连通性和交叉口密度的进一步提升，街区的碎片化反而会增加穿越道路的交通风险并制约骑行的连续性，从而给积极交通出行带来负面影响。

（四）目的地可达性

在西方国家的研究案例中，到市中心和商业中心的距离通常与积极交通出行呈现负相关关系。尤其在北美和澳大利亚，市中心拥有较高的密度和土地利用混合度，而郊区往往因为密度过低和土地利用模式单一而不利于积极交通出行。在中国，是否靠近市中心和商业中心可能与积极交通出行无关。在中国高密度开发和商住用地混合的背景下，相对成熟的城市边缘地区往往也拥有良好的服务可达性，能够支持积极交通出行。因此，郊区的可步行环境和靠近商业设施对促进积极交通出行至关重要。

（五）到公交站点距离

在公共交通可达性方面，目前没有足够的证据证实中西方研究结论存在显著的差异。在西方国家，公交可达性和公共交通服务是促进积极交通出行的重要环境因素。尤其在荷兰、丹麦、挪威和德国等积极交通出行比例较高的国家，整合公共交通和积极交通（尤其是自行车出行）是一项重要的工作。在此背景下，西方国家大量的研究关注了公共交通枢纽周边的积极交通出行环境。在中国，类似的研究较少，主要集中在南京和深圳的地铁与积极交通换乘环境。因此，当前没有足够证据证明中西方在公共交通可达性方面的研究结论存在显著差异。公共交通和积极交通的整合是全球性的话题，但不同地区的研究重点和进展可能存在差异。

二、社会环境

社会环境方面，安全性通常是影响北美和澳大利亚积极交通出行的重要因素，但中国和欧洲的相关研究有限。在北美和澳大利亚，交通安全（道路安全事故等）和犯罪对积极交通出行（尤其是儿童积极通学）的影响受到了广泛的关注，且大部分研究证实了安全的环境将促进居民的积极交通出行。在中国和欧洲，安全性（尤其是犯罪威胁）对积极交通出行的影响很少被关注。在荷兰的一项研究中，父母感知的交通和犯罪威胁甚至与儿童采用积极交通模式上学无关。这可能与中国和欧洲城市的建成环境特征（例如较高的建成区密度、混合的土地利用模式、良好的设施和服务可达性）以及良好的治安有关。尽管一些研究发现土地混合利用、良好的设施和服务可达性以及较高的建成环境密度可能会导致特定犯罪活动的增加（例如更多的商业活动导致抢劫和袭击活动的增长），但更多的研究证实这些环境特征不仅能够通过犯罪活动的监视效应降低总体的犯罪发生率，同时也能提升居民对安全的感知。

三、人口和社会经济特征的调节效应

在西方国家，个体的人口和社会经济特征通常是城市环境影响积极交通出行的重要调节因素，而国内的研究证据相对缺乏。西方国家大量的研究关注了女性、少数族裔以及低收入者等弱势群体在城市环境影响积极交通出行方面与其他民众的差异。在性别方面，相较于男性而言，女性对周边环境的愉悦以及对安全性的感知与她们的积极交通出行动机的相关性更强。因此，公共交通可用性、安全的自行车道、建筑密度以及到日常目的地的距离等环境特征与女性的积极交通出行行为更相关。对于女性而言（尤其是对低技能的女性骑行者而言），出行环境中的威胁（包括交通安全与犯罪）是影响女性积极交通出行的重要因素，而这些因素对于男性的影响相对较小。然而，在欧洲高积极交通出行率的国家，性别差异并不显著。在美国日常骑行超过30分钟的人群中，男性比重（1.5%）远高于女性（0.4%），而同期德国的性别差距微弱（男性和女性人群比重分别为8.5%和7.0%）[21]。此外，无论在北美、澳大利亚还是欧洲，弱势群体都是重要的研究对象。一般而言，弱势群体的积极交通出行与城市环境的关联更弱。这是因为他们往往缺乏私家车和机动性，且更多地生活在非支持性（积极交通）的城市环境之中，因此积极交通出行行为不太容易受到环境的干扰。然而，在中国的案例研究中，社会规范、环境美感、自行车基础设施和地铁站的便利性对西安低收入社区居民自行车出行存在显著影响，但并没有证据支持不同城市环境对不同群体积极交通出行行为影响的异质性。在不同国家和区域，城市环境对积极交通出行影响在群体间的异质性部分源于社会环境（例如限制妇女骑行的文化氛围）和建成环境（例如安全的基础设施）方面的差异。此外，国内缺乏关于群体异质性的讨论也可能归结于研究视角的局限，而并不意味着中国不存在交通公平等社会问题。

四、环境干预效果

从城市环境的影响程度和环境干预的效果来看，没有足够证据表明中国和西方国家存在差异。在传统的统计模型中，通常使用弹性系数来检验城市环境要素对积极交通出行的影响程度。然而，由于不同的实证研究案例纳入的要素类型和范围有所差别，很难严格地通过对比现有的研究来评估单个要素的影响程度是否存在地区差异。另一方面，在评估所有城市环境要素的组合效应和协同效应方面，机器学习方法提供了可行的手段。有限的研究表明，在美国明尼苏达州双城地区，建成环境对预测积极交通出行的贡献率为68.8%，而在中国厦门和南京，建成环境对预测工作和购物积极交通出行以及老年人步行的贡献率分别为27.0%、35.4%以及68.0%。然而，由于机器学习的案例研究数量有限，目前没有足够证据证实城市环境的组合效应是否存在区域异质性。此外，机动化和积极交通出行率有可能会影响环境干预策略的效果。在美国依赖私家车出行的背景下，为促进积极交通出行而采取的环境干预策略效果有限。在英国，环境干预同样被视作有限的促进积极交通出行的手段。这些研究似乎支持了一种观点，即在高度机动化的国家和地区，城市环境对积极交通出行的影响程度有限。然而，对于其他积极交通出行率较高的国家，例如荷兰、丹麦和中国等，环境干预的效果是否优于北美和澳大利亚，目前并没有直接的证据。一种假设是，由于采用积极交通出行的人口基数存在差异，在积极交通出行比例较低的国家，包括北美、澳大利亚和欧洲部分国家（例如英国和法国），即便城市环境对积极交通出行影响的弹性系数和干预效果相同，最终的效果也会弱于荷兰、丹麦、德国以及中国等积极交通出行比例较高的国家。这些观点和假设依然需要进一步的实证研究提供相关证据。

第五节 积极交通出行影响因素的实证研究

在过去十年里，对自行车出行行为的研究受到越来越多的关注。这些研究的核心目的在于制定促进自行车使用的政策。众多研究显示，骑自行车与一系列积极的健康效应密切相关，包括促进身体健康、降低超重风险、增强心理健康及主观幸福感。与汽车或公共交通相比，人们通常对自行车出行的满意度更高。而且，自行车出行不仅不会导致当地空气污染和噪声问题，还能够在遏制全球气候变暖方面发挥积极作用。此外，从汽车出行转向自行车出行，不仅有助于缓解城市地区的交通拥堵，还能减少对停车空间的需求，从而在多个层面上提升城市生活质量。鉴于自行车在多方面的积极效应，提升自行车的骑行比重成为许多城市可持续交通政策的着力点之一。在制定相关干预策略之前，需要深入了解的是，哪些因素能够对骑行行为和意愿带来影响，这将成为干预政策的立足点。

本节以在陕西省西安市开展的一项关于自行车出行行为的研究为例，系统探讨弱势社区居民自行车骑行的影响因素。这些弱势社区通常面临着不同于一般社区的挑战和限制，例如较低的社会经济地位和较落后的基础设施。该研究旨在了解和解释在这些特殊环境下，居民骑行行为的动因和障碍。研究考察了诸如社会规范、建成环境等因素对骑行选择的影响。研究采用了计划行为理论（TPB）的扩展模型，结合主观和客观的量化方法，来分析和理解弱势社区居民骑行选择的复杂性。这项研究对于理解和改善中国乃至其他发展中国家城市弱势社区居民的出行方式具有重要意义。

一、社区综合概况

该研究于2018年8月20日至11月4日在西安市的四个不同社会经济状态和建成环境的社区进行面对面访谈，共收集了921份有效问卷。这四个社区代表了中国城市中典型的弱势社区类型。

八佳社区位于市中心附近，是一个经过重新开发的棚户区。主要建筑为六层高的公寓楼，社区居民包括原本的低收入当地居民和来自城市外的务工人员。由于地处市中心，该社区拥有众多便利设施，包括商店、餐馆、银行和公园等。

楼阁台社区是西安的一个典型城中村，许多进城务工人员选择在此租住。该社区多为二至三层的建筑，建筑质量较差。城中村是中国快速城市化进程中形成的产物，通常被新开发的高层建筑所环绕，伴有低质量的住房条件和日益恶化的公共服务设施。尽管如此，城中村却为进城务工人员和本地弱势居民提供了可负担住房。

三印社区是一个典型的"工作单位"社区。这种社区源于20世纪80年代以前的计划经济体制，主要特点是土地使用的多功能性，包含了居住、就业、教育和商业等功能。居民大部分日常活动都可以在工作单位的大院内通过步行或骑自行车完成。随着20世纪80年代市场经济的兴起，许多国有工厂破产，居住在这些单位的居民因此失业。这个"工作单位"是大约10年前破产的工厂，其原始空间格局被保留，许多工人仍然居住在这里。大多数住宅建筑为建于20世纪70年代的六层公寓。

长丰园社区曾是一个城中村，但在大约十年前经历了重新开发。如今的社区主要由高层建筑组成，原村民和从农村迁来的城市移民共同居住于此。该社区也拥有良好的公共交通服务和便利设施，例如商店、餐馆和公园等（表3-5-1）。

四个社区的建成环境特征　　　　　　　表3-5-1

相对建筑密度	八佳 六层	楼阁台 三层	三印 六层	长丰园 二十层
便利设施可达性（每平方公里数量）	高（1123）	低（97）	中等（241）	高（730）
街道连通性（每平方公里3/4岔路口数量）	24	1	5	8
公交站密度（每平方公里数量）	34	2	9	42
邻里是否有地铁站（400米范围内）	否	否	是	是
邻里是否有公园（400米范围内）	是	否	否	是
社区中心到市中心的距离（米）	245	8973	7248	7619

来源：作者自绘

二、研究数据与方法

研究的目标是深入探究对弱势社区居民骑自行车出行行为产生重大影响的因素。为此，研究采用了计划行为理论（TPB）的扩展模型。TPB 的三个核心要素，包括态度、社会规范和感知行为控制（PBC），是问卷内容设计的基础。针对骑行行为的调查，询问受访者在晴好天气的月份内，从家中骑自行车去以下六种地点的频率：包括市政建筑、服务提供商、商店、餐厅或咖啡馆、娱乐/休闲场所以及运动锻炼场所。每个问题都采用了从 1（从不）到 6（每周两次或更多）的六分量表进行编码。然后，将这六个问题的得分相加，作为衡量功利主义骑行行为的指标。需要注意的是，这一度量标准只反映了日常事务中骑行的频率。图 3-5-1 为该研究的概念框架。

外生变量包括感知的建成环境、社区美学、交通危险、犯罪、社区信任/凝聚力和社会人口（统计学）特征。为了收集这些问题，研究采用了经过改编的调查问卷，该问卷基于邻里环境可步行性量表（NEWS）。NEWS 量表衡量了受访者对建成环境各个维度的评价，包括住宅密度（如独栋家庭、联排别墅、公寓的分布）、可达性（步行到商店、超市、邮局、学校、快餐店、餐馆、银行的时间）、街道连通性、步行基础设施及安全性（人行道、草地/泥带、照明、过街设施和信号）、社区环境/美学（街道树木和景观的存在及建筑物的吸引力评价）、交通

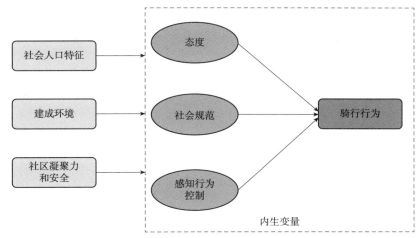

图 3-5-1 概念框架
来源：作者自绘

危险和犯罪。每项都采用了从"非常不同意"到"非常同意"的四分量表来编码。除了可达性指标外,计算了社区环境各个维度的最终得分。

研究对可达性指标进行了主成分分析,并提取出两个因子,分别代表两种不同类型的可达性:①便利设施可达性,如商店、超市、餐馆、市场、银行;②学校可达性,包括中学、小学。受访者对"在我的社区或附近有很容易到达的非街道自行车道或铺设的小路""有很容易到达的自行车道""有安静的街道,没有自行车道,很容易骑自行车"这三个问题使用四点李克特量表进行评分。

该研究首先分析了建成环境和TPB三个变量(即态度、社会规范和感知行为控制)对社区层面骑自行车行为的影响。然后使用结构方程模型(SEM)在个体层面探索变量之间的结构关系。与多元回归不同,结构方程模型能够揭示外生变量和内生变量之间的关系。在该模型中,TPB的三个变量(即态度、社会规范和感知行为控制)被指定为潜在变量。每个潜在变量均通过三个观察指标进行测量,所有其他变量均直接观察。

结构方程模型是使用最大似然估计开发的,它假设观察到的变量遵循多元正态分布。这里使用引导方法来估计模型,这是一个从数据中抽取重复样本并进行替换的过程。在本研究中,使用蒙特卡罗(或引导参数估计)引导集生成5000个样本,使用偏差校正引导置信区间来检测显著效果。

三、研究结果与讨论

研究对四个社区进行了深入的比较,涵盖了受访者的社会人口统计特征、客观测量的建成环境、主观的环境感知、对骑自行车的态度、社会规范、感知行为控制以及自行车骑行行为。

在建成环境方面,与楼阁台和三印相比,八佳和长丰园的社区建成环境密度相对更高,且便利设施可达性和街道连通性更好。然而,令人意外的是,这两个社区的居民报告的日常自行车骑行频率却相对较低。这表明一个高步行性的社区可能并不一定能够促进功利性自行车骑行行为。在TPB三个变量方面,研究结果显示八佳社区的居民对自行车的态度最为积极,但他们实际的骑行频率却是最低的。这表明出行态度和骑行行为之间可能没有直接关系。楼阁台社区拥有最高的社会规范和感知行为控制水平,其居民骑行频率也相应地最高。这表明社会规范和感知行为控制水平这两个因素在决定自行车骑行行为中发挥着重要的作用。

此外，尽管三印社区的建成环境相对更支持骑行，但研究结果显示受访者的态度、社会规范和感知行为控制却处于最低水平。这表明支持骑行的建成环境不一定会导致积极的态度、社会规范和感知行为控制。

结构方程模型结果　　　　　　　　　　　表 3-5-2

	态度	社会规范	感知行为控制	骑自行车行为	
	$R^2=0.095$	$R^2=0.226$	$R^2=0.107$	$R^2=0.265$	
	直接效应	直接效应	直接效应	直接效应	总效应
态度	—	—	—	0.065	0.065
社会规范	—	—	—	0.167***	0.167***
感知行为控制	—	—	—	0.084**	0.084**
便利设施可达性	0.015***	−0.035	0.079**	−0.148***	−0.140***
学校可达性	−0.013	−0.051	−0.036	0.071**	0.059*
地铁	−0.031	−0.013	−0.015	0.076**	0.071**
街道连通性	−0.008	−0.025	0.084**	−0.072**	−0.069**
社区美学	0.039	0.055	0.000	0.099***	0.110***
交通事故	0.079*	0.017	0.007	0.037	0.046
犯罪率	−0.077*	−0.007	−0.016	0.039	0.032
社会凝聚力	0.005	0.013	0.054	−0.017	−0.010
自行车基础设施	0.115***	0.098***	0.100**	0.049	0.081**
年龄	−0.114**	−0.418***	−0.229***	−0.248***	−0.344***
女性	−0.076**	−0.128***	−0.099**	−0.082**	−0.116***
教育水平	−0.026	−0.045	−0.038	−0.015	−0.027
#汽车	−0.075*	0.043	0.033	0.035	0.040
#自行车	0.181***	0.114***	0.154***	0.114***	0.157***
#电动自行车	−0.039	−0.002	−0.006	0.060*	0.056

注：* 表示 $p<0.1$；** 表示 $p<0.05$；*** 表示 $p<0.01$。
来源：作者自绘

表 3-5-2 展示了结构方程模型的结果。结果显示，在 TPB 的三个构成要素中，只有社会规范和感知行为控制与自行车骑行行为存在显著关联，而态度这一要素并未显示出明显的影响。这一结果颇有些出乎意料，因为通常我们认为态度是预测骑行行为的关键因素。这种不符合预期的情况可能由以下几个因素造成：首先，

对于这些处于社会经济弱势地位的社区居民来说，选择骑自行车可能更多是出于经济约束，而非对骑行的喜爱。其次，数据显示，依赖骑行来完成日常事务的受访者也会使用其他交通方式，如公交和步行，这说明自行车并不是他们唯一的选择。此外，存在的类似替代交通方式（例如步行）可能会阻碍人们将对骑行的积极态度转化为实际的骑行行为，这也是态度与骑行行为不一致的另一个潜在原因。这种现象揭示了在推广骑行文化时，需要更加深入地理解和考虑这些多样化和复杂的动因。

在 TPB 三个变量的系数大小方面，研究发现社会规范是影响骑行的最重要因素，其次是感知行为控制和态度。这与先前的研究有些不同，先前的研究显示社会规范对骑行的影响不显著或比态度和感知行为控制的影响小。这些差异可能部分归因于中国与西方国家的文化差异。中国传统文化强调集体主义，而西方国家更注重个人主义。这种集体主义文化也可能导致上述态度和行为之间的不协调。例如，一些喜欢骑自行车的人可能会放弃骑自行车。这是因为在中国，骑自行车被视为社会经济地位较低的人群出行方式的象征。在中国，个人行为可能更受家庭和社会的强烈影响。

在建成环境方面，便利设施（例如商店、餐馆、市场、银行等）的可达性与骑行态度和感知行为控制呈正相关关系，但与骑行行为呈负相关。这一发现表明，尽管便利设施的可达性可能提高居民对骑行的积极态度和感知行为控制，但似乎并没有转化为实际的骑行行为。通过简单的双变量相关性分析，研究发现便利设施的可达性与日常事务的步行频率正相关（$r = 0.109$，$p < 0.01$）。这表明，在便利设施可达性高的地方，人们更倾向于步行而不是骑自行车。因此，高步行可达性可能是一个阻碍积极的骑行态度和高感知行为控制转化为骑行行为的因素。至于学校可达性与 TPB 的三个变量之间的关系，结果显示无显著关联，但与骑行行为直接正相关。这意味着学校可达性的提高可能会增加居民使用自行车的频率。居住地靠近地铁站的居民通常会更多地使用自行车前往地铁站。此外，街道连通性与感知行为控制正相关，但与骑行行为负相关。在街道连通性好的地方，步行可能比骑自行车更有吸引力。在社区层面，八佳社区由于靠近市中心，其街道连通性最高。然而，该社区的受访者报告的自行车使用水平最低、平均步行目的地频率最高。这进一步证明步行和骑行在可达性和街道连通性高的社区之间存在着竞争关系。除了可达性和街道连通性外，社区美学（例如树木、绿化、有趣的事物、

景观、历史建筑等的存在）对骑行行为有直接和积极的影响。这一发现表明，社区美学因素对居民的骑行行为具有重要影响。

在交通安全方面，交通危险与骑行态度存在较弱的正向联系。然而，这种联系并不显著，可能是因为交通危险与骑行行为之间的关系较为复杂，受到多种因素的影响。在既往的研究综述中，交通危险或安全性与交通目的骑行之间没有直接联系。这意味着骑行的目的并不会直接影响人们对交通危险的感知。因此，本研究中发现的积极关系需要进一步探索，以了解更多关于交通危险与骑行行为之间关系的细节。社区内感知的犯罪率与骑行态度存在轻微的负向关联，但与社会规范、感知行为控制和骑行行为没有显著联系。这表明较高的犯罪率可能会降低人们对骑行的积极态度，但它并不是决定人们是否选择骑自行车的主要因素。

自行车基础设施与骑行态度、社会规范和感知行为控制之间存在显著正向关联。这意味着良好的自行车基础设施可以促进人们对骑行的积极态度和行为。虽然自行车基础设施对骑行行为的直接效应不显著，但从统计学角度看，其对骑行行为的总体影响是显著的。这些结果强调了自行车基础设施在推动弱势社区骑行行为方面的重要性。

最后，研究发现大多数社会人口统计变量与 TPB 的三个变量和骑行行为之间存在预期的关联。老年人和女性不太可能持有积极的骑行态度，家人和朋友不太支持他们的骑行行为，他们也较难感知到高水平的行为控制，因此他们骑自行车的可能性较小。正如预期，拥有自行车与骑行态度、社会规范、感知行为控制和骑行行为显著相关。然而，拥有自行车与态度、社会规范和感知行为控制的关系却是模糊的。这可能是因为不会开车但拥有自行车导致了对态度、规范和感知行为控制的调整。但也有可能是积极的态度和规范导致了购买和使用自行车的决定。相比之下，拥有汽车和电动自行车对三个心理因素和骑行行为的影响较弱。正如预期的那样，自行车拥有量与态度、社会规范、感知行为控制（PBC）和骑自行车行为显著相关。需要注意的是，因果关系并不一定是直截了当的。虽然自行车所有权显然有助于自行车的使用，但它与态度、社会规范和感知行为控制的关系是模糊的。有可能（如模型所示），拥有自行车影响态度、社会规范和 PBC，这是一个认知失调的过程，这意味着，例如，不会开车和拥有自行车会导致态度、社会规范和 PBC 的调整。然而，积极的态度和规范也可能导致购买和使用自行车的决定。汽车拥有量和电动自行车拥有量对三种心理因素和骑自行车行为的影响较弱。

四、结论与政策影响

本研究基于扩展的计划行为理论（TPB）框架，深入探讨了中国城市弱势社区中居民自行车骑行行为的多维影响因素。通过对西安四个典型弱势社区的数据进行收集并采用结构方程模型（SEM）分析，研究特别关注了弱势群体以及中国背景下的自行车骑行行为。

研究结果显示，社会规范对骑行行为的影响最大，这与西方国家的研究结果有所不同。这意味着在中国城市推广骑行行为需要采用不同的干预策略。由于中国更注重集体主义文化，推广骑行应更多地强调改变有关骑行的社会规范。虽然自行车曾是主要的出行方式，但近年来由于快速的城市扩张和职住空间分离，中国大城市自行车出行比例大幅下降。因此，应强调骑自行车的健康和环境益处，并将其打造成一种时尚的出行方式。例如，向当地社区分发包含骑行益处信息的宣传册和海报或通过社交媒体以电子形式传播；每年邀请市长或名人参加骑自行车的公共活动，产生示范效应从而改变公众对骑行的态度。

此外，研究发现老年人和女性不太可能受到家人和朋友的支持，因此骑行的可能性更低。这表明需要针对这些人群提出特定的干预措施。例如，为老年人和女性设计的骑车活动和培训课程可以提高他们对骑自行车的兴趣和能力，同时增强社区内的支持网络。社会营销计划应包含有关这些人群骑行益处的具体信息。此外，改善交通安全和自行车基础设施的质量也很重要，这可以更好地满足女性和老年人的骑行需求。

与社会规范相比，感知行为控制（PBC）对骑行频率的影响虽然较小但仍具有重要意义。为了提高感知行为控制水平，相关部门可以通过实施一系列社会市场计划和公共自行车活动来实现。这些计划和活动将帮助当地居民更好地了解安全的自行车路线的位置、自行车安全的情况和提示，以及骑自行车可到达的商业和目的地。举办这些活动可以使当地居民熟悉他们社区内的自行车友好设计，并提高他们对骑自行车的兴趣和能力。此外，相关部门还可以通过改善便利设施的可达性、街道连通性和自行车基础设施来提升感知行为控制水平。

在社区环境特征方面，研究发现社区美学是促进弱势社区居民骑行的重要因素。这表明改善城市设计和社区环境质量应作为鼓励骑行的规划策略。为了实现这一目标，相关部门应专注于增加绿化和开放空间，如树木、公园、广场、地标等，同时注重改善社区内外的环境。提升社区环境设计有助于为居民提供更加舒适的出行体验，从而吸引他们选择自行车或步行作为主要的出行方式。此外，自行车基础设施在改善交通目的骑行中也扮演着重要角色。尽管过去中国城市普遍拥有完善的自行车基础设施网络，但近20年快速机动化的发展导致原先的自行车逐渐消失，被快速公路所取代。此外，地铁通行与骑行频率的显著关联也表明，自行车与轨道交通的整合可以作为促进骑行的策略。这种整合可以包括在轨道交通站提供便捷的自行车停车设备，建设易于通行的基础设施，甚至在车厢上安装自行车架等措施。这些措施将使居民更加方便地使用自行车与轨道交通相结合的方式，从而进一步提高骑行在城市交通中的比重。

尽管研究表明，单纯依赖改善空间特征如便利设施可达性和街道连通性，对于促进自行车骑行行为的增加并不一定显著，但这并不代表这些措施对于促进骑行没有积极作用。因此，在制定政策以鼓励积极交通出行时，应当综合考虑步行和骑行策略的结果，以实现更为全面和有效的出行激励措施。

这些研究结论为政府和相关机构提供了针对性的政策建议，以促进弱势社区居民的自行车骑行。通过改善社区基础设施、增强社会规范、量身定制针对特定群体量的干预措施，以及综合考虑自行车骑行和步行的需求，可以有效地推动健康和环保的出行方式的普及。这项研究不仅对西安市具有重要意义，也为其他城市提供了有价值的参考，特别是对于那些面临类似挑战的弱势社区。通过实施这些策略，可以促进城市的可持续发展，提升城市居民的生活质量，并有助于实现更广泛的环境保护目标。

本章参考文献

[1] CRIST K, BRONDEEL R, TUZ-ZAHRA F, et al. Correlates of active commuting, transport physical activity, and light rail use in a university setting [J]. Journal of Transport & Health, 2021, 20: 100978.

[2] SCHEEPERS E, WENDEL-VOS W, VAN KEMPEN E, et al. Personal and environmental characteristics associated with choice of active transport modes versus car use for different trip purposes of trips up to 7.5 kilometers in The Netherlands [J]. PloS one, 2013, 8 (9): e73105.

[3] RASER E, GAUPP-BERGHAUSEN M, DONS E, et al. European cyclists' travel behavior: Differences and similarities between seven European (PASTA) cities [J]. Journal of Transport & Health, 2018, 9: 244-252.

[4] KOOHSARI M J, COLE R, OKA K, et al. Associations of built environment attributes with bicycle use for transport [J]. Environment and Planning B: Urban Analytics and City Science, 2019, 47 (9): 1745-1757.

[5] LEUNG K Y K, LOO B P Y. Determinants of children's active travel to school: A case study in Hong Kong [J]. Travel Behaviour and Society, 2020, 21: 79-89.

[6] HEESCH K C, JAMES B, WASHINGTON T L, et al. Evaluation of the Veloway 1: A natural experiment of new bicycle infrastructure in Brisbane, Australia [J]. Journal of Transport & Health, 2016, 3 (3): 366-376.

[7] YANG L, GRIFFIN S, KHAW K T, et al. Longitudinal associations between built environment characteristics and changes in active commuting [J]. Bmc Public Health, 2017, 17: 458.

[8] STEFANSDOTTIR H, NAESS P, IHLEBAEK C M. Built environment, non-motorized travel and overall physical activity [J]. Travel Behaviour and Society, 2019, 16: 201-213.

[9] SCHEINER J, HUBER O, LOHMUELLER S. Children's mode choice for trips to primary school: a case study in German suburbia [J]. Travel Behaviour and Society, 2019, 15: 15-27.

[10] LEUNG K Y K, LOO B P Y. Determinants of children's active travel to school: A case study in Hong Kong [J]. Travel Behaviour and Society, 2020, 21: 79-89.

[11] DJURHUUS S, HANSEN H S, AADAHL M, et al. The Association between access to public transportation and self-reported active commuting [J]. International Journal of Environmental Research and Public Health, 2014, 11 (12): 12632-12651.

[12] PRINS R G, PANTER J, HEINEN E, et al. Causal pathways linking environmental change with health behaviour change: Natural experimental study of new transport infrastructure and cycling to work [J]. Preventive Medicine, 2016, 87: 175-182.

[13] WINTERS M, BRAUER M, SETTON E M, et al. Mapping bikeability: a spatial tool to support sustainable travel [J]. Environment and Planning B-Planning & Design, 2013, 40 (5): 865-883.

[14] CRUISE S M, HUNTER R F, KEE F, et al. A comparison of road-and, footpath-based walkability indices and their associations with active travel [J]. Journal of Transport & Health, 2017, 6: 119-127.

[15] CAMBRA P, MOURA F. How does walkability change relate to walking behavior change? Effects of a street improvement in pedestrian volumes and walking experience [J]. Journal of Transport & Health, 2020, 16: 100797.

[16] KANG H, KIM D H, YOO S. Attributes of perceived bikeability in a compact urban neighborhood based on qualitative multi-methods [J]. International Journal of Environmental Research and Public Health, 2019, 16 (19): 3738.

[17] RODA C, CHARREIRE H, FEUILLET T, et al. Mismatch between perceived and objectively measured environmental obesogenic features in European neighbourhoods [J]. Obesity Reviews, 2016, 17: 31-41.

[18] WAHLGREN L, SCHANTZ P. Exploring bikeability in a metropolitan setting: stimulating and hindering factors in commuting route environments [J]. Bmc Public Health, 2012, 12: 168.

[19] VAHEDI J, SHAMS Z, MEHDIZADEH M. Direct and indirect effects of background variables on active commuting: Mediating roles of satisfaction and attitudes [J]. Journal of Transport & Health, 2021, 21: 101054.

[20] JOH K, CHAKRABARTI S, BOARNET M G, et al. The walking renaissance: A longitudinal analysis of walking travel in the greater Los Angeles area, USA [J]. Sustainability, 2015, 7 (7): 8985-9011.

[21] BUEHLER R, PUCHER J, MEROM D, et al. Active travel in Germany and the U.S. contributions of daily walking and cycling to physical activity [J]. American Journal of Preventive Medicine, 2011, 41 (3): 241-250.

第4章

儿童积极交通出行行为影响机制

第一节 儿童出行行为特点
第二节 儿童积极通学现状
第三节 儿童积极通学行为影响因素分析
第四节 鼓励儿童积极通学的政策要点

随着对儿童友好型城市和社区概念的关注度不断提升，为所有年龄段的儿童创造安全的空间和环境，让他们独立、安全地在街头巷尾行走，已成为城市和街区建设的核心目标。在这一背景下，推动积极通学的理念日益引起人们的重视。积极通学是指通过采用步行或自行车等积极交通模式上下学的通学方式（图4-0-1）。尽管在国外积极通学已经成为一个广泛研究的话题，但在国内，有关这一概念的讨论仍然处于起步阶段。为深入了解积极通学的现状，本章节引入了这一概念，旨在探讨儿童积极通学所面临的现实状况、影响因素以及相关政策启示。本章将围绕以下内容展开：

首先，介绍儿童出行行为的特点。儿童的出行行为特点是研究积极通学不可忽视的出发点。由于儿童在生理特征、心理特征和行为特征方面都与成年人有所不同，因此，了解他们的出行需求以及对环境的感知，有助于设计更符合其特点的通学方案。

其次，概述全球儿童的积极通学现状。深入了解儿童积极通学现状将有助于我们更好地规划城市和社区。这一部分将分析目前儿童选择积极通学方式的程度以及这种方式对其身心发展的影响。同时，关注不同地区和社会背景下的差异，探讨影响儿童选择积极通学的社会文化因素。

再次，深入挖掘儿童积极通学行为的影响因素是为了更全面地理解这一现象。除了个体层面的因素外，本节还将关注家庭、学校和社区等多层面的影响。

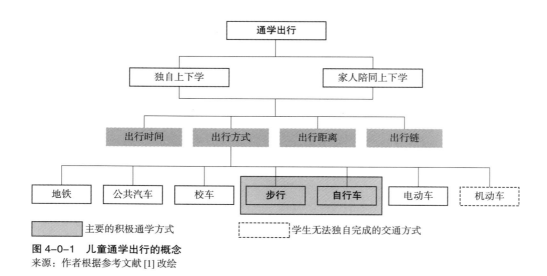

图4-0-1 儿童通学出行的概念
来源：作者根据参考文献[1]改绘

这可能包括家长的态度、学校对积极通学的支持程度,以及社区基础设施的完善程度等。

最后,为了促使更多儿童选择积极通学,政策的重要性不可忽视。将探讨鼓励儿童积极通学的政策要点,包括但不限于城市规划中的绿色通道设计、建立安全的校园交通环境、推动社会宣传和家长参与等方面。其目标是提供可实施的政策建议,以支持儿童友好型城市和社区的建设,并在实践中取得积极的社会效益。

第一节 儿童出行行为特点

儿童是社会中最具活力和好奇心的人群之一,其出行行为具有独特的特点,深受身体、认知和社会发展等多方面因素的影响。理解儿童出行行为的特点对于交通规划、安全教育以及城市设计都具有重要的价值。根据相关定义,14 岁以下的儿童既有出行行为,又缺乏充足的体能或成熟的心智,需要街道等外界环境包容他们的特殊需求。由于儿童的身体尺度与成人存在很大差别,这种特殊性会对街道设施设计的尺度等方面产生影响。此外,儿童在交通安全和环境意识方面尚不成熟,通常需要成人的陪同和监管。然而,随着年龄的增长,儿童逐渐表现出更多的独立性和自主性,可能会在一定程度上独自完成简单的出行。例如,当孩子们学会独立步行或者骑自行车时,他们将能够更好地掌握自己的行动方向和速度,从而减少意外事故的发生。

一、儿童生理特征

儿童的生理特征与成人存在显著差异,主要体现在身高、视线高度、视野范围以及呼吸高度等方面。首先,从身高的角度来看,3~6 岁的儿童平均身高在 95~116cm 之间,而 7~14 岁的儿童平均身高在 112~160cm 之间。这个身高范围与成人相比有较大的差距,因此儿童的视线高度也会相应更低。其次,儿童的视角高度也比成人要低。3~6 岁和 7~14 岁儿童的平均视角高度分别在 80~105cm 和 100~125cm 之间。这意味着儿童的视野范围比成人更窄,他们更关注眼前的事物,而不是远处的景象。此外,儿童的呼吸高度也与成人不同,这可能与儿童的身体比例和生理需求有关。站立的儿童与婴儿车中的婴儿的主要呼吸高度范围仅为 55~85cm。在步态方面,儿童适宜的踏步高度在 12~14cm 之间,而成年人最适宜的踏步高度为 15cm。这是因为儿童的下肢肌肉和骨骼还在发育过程中,需要更低的踏步高度来保持身体的平衡和稳定。最后,与成年人相比,学龄儿童步行状态时的平均速度较慢，大约为 1.17m/s。这可能是由于儿童的身体协调性和力量还未完全发展成熟，需要更多的时间来适应和掌握步行的技巧。

二、儿童心理特征

在心理认知层面上，儿童的心理特性主要表现为好奇心、色彩偏好和亲近自然性三个方面。首先，儿童具有强烈的好奇心，这使得他们在公共环境中可能会忽视秩序，甚至做出一些不安全的行为。其次，儿童对颜色和图形的敏感程度和识记程度通常高于文字。他们的大脑正在发育中，对新鲜事物有着极高的敏感度。在不同时期，儿童的颜色偏好也会有所变化。然而，无论在哪个阶段，暖色调总是占据主导地位。这是因为暖色调能够给人带来舒适和愉快的感觉，符合儿童的心理需求。最后，儿童对大自然的接近和喜爱是一种本能和天性。他们对自然的一切都充满了好奇和探索的欲望。这种亲近自然的特性有助于他们建立对世界的正确认知，也有助于他们身心健康地发展。

此外，皮亚杰将儿童认知发展阶段分为感知运动、前运算、具运算、形式运算四个阶段。这四个阶段是按照固定不变的顺序来呈现的。每一个阶段都是前一个阶段的自然延伸，也是后一个阶段的必然前提。发展阶段既不能逾越，也不能逆转，思维总是朝着必经的途径向前发展。6~12 岁的学龄儿童处于具运算阶段，此时儿童自我中心的程度下降，他们逐渐学会了从他人的角度看问题。随着年龄的增长，儿童逐渐能够接受别人的意见，修正自己的看法。减少自我中心的倾向是儿童社会性发展的重要标志。此阶段的儿童与他人沟通的能力也大大提升，有了更强的社交需求。

儿童心理尺度是指儿童心理认知对周边环境与设施的认可度。由于儿童主要是通过感官系统对周围的空间环境进行认识、学习的，所以通学空间设计应考虑到儿童与成人在感官系统上的尺度差异。成人的亲密尺度在 3m 以内，而儿童仅在 1m 以内；公共距离上，成人的心理可接受范围在 3.75~8m 之间，儿童则处于 1~3m 之间。在更遥远的距离上，儿童和成人的心理接受范围均为 20~25m（图 4-1-1）。

三、儿童出行特征

基于儿童的生理和心理特征，可以将儿童出行特征可归纳为以下六个方面：随机性、代际陪护性、自我中心性、亲自然性、同龄聚集性和环境限制性。

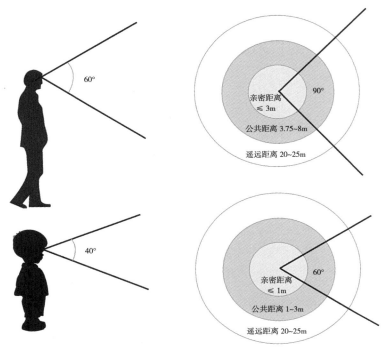

图 4-1-1　儿童与成人视线范围对比
来源：作者根据参考文献 [2] 自绘

第一，儿童出行具有很高的随机性。由于儿童具有强烈的好奇心，他们喜欢探索和漫游在他们感兴趣的场所，因此他们在空间中的活动轨迹往往是随机的。这种随机性的出行方式反映了儿童对新鲜事物的好奇心和探索欲望。他们会在不经意间发现新的环境，体验新的事物。这种随机性的出行方式也有助于他们的身心发展。

第二，儿童出行还具有很强的代际陪护性。代际陪护性的出行方式反映了儿童对成年人的依赖和信任，也体现了成年人对儿童的关爱和保护。此外，婴儿在 9~10 个月时一般能够爬行，1 岁左右可以站立并在辅助下行走，2 岁以后可独立行走。随着年龄的增长，3~6 岁的儿童体力迅速提升，可以独立跑跳与穿越障碍物。7~12 岁的儿童体力较强，可以进行长时间的体力活动，能忍受 1000 米以内的步行距离。13~14 岁的儿童出行则具有较强的机动性和自主性，可以独自进行半小时以内的公共交通出行（图 4-1-2）。这些特征都反映了儿童在不同年龄段的身体发展和心理变化。

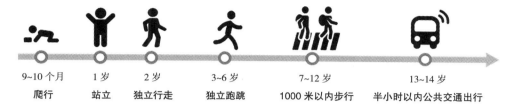

图 4-1-2　儿童行动能力发展示意图
来源：作者根据参考文献 [2] 改绘

第三，儿童在出行活动中其注意力常常集中于一点，呈现出"自我中心"状态，可能会注意不到自己所处的环境中有潜在的危险，忽视安全隐患。面对突发危险时，儿童没有足够反应能力，也没有足够的避险机动性。在外出时，他们不能对车辆干扰做出及时正确的判断，也不能对周边环境中的危险进行及时感知察觉，无法有效躲避儿童出行过程中的潜在威胁。

第四，儿童出行具有亲自然性的特征。儿童喜爱花草树木，亲近自然是天性。儿童具有与空间中的自然元素相联结的倾向，他们喜欢自然的特征比成年人要明显得多。他们经常会主动地与街道空间中的绿植、水景等自然景观进行接触。

第五，儿童出行具有同龄聚集性。年龄相仿的儿童之间有更强的认同感且更易聚集玩耍。聚集游戏是儿童常见的活动形式。结伴、从众、模仿是儿童的天性。他们会自然而然地与同龄人一起玩耍，一起学习，一起成长。这种聚集性的出行方式不仅能够增进儿童之间的友谊，也能够让他们在玩耍中学习到更多的知识和技能。

第六，儿童出行具有环境限制性。考虑到儿童身体承受能力限度，面对突发恶劣天气时，儿童比成人更脆弱、更易受伤害，因此儿童独立活动与出行频率受季节变化性和时间性的规律影响显著。

第二节　儿童积极通学现状

一、儿童积极通学的益处

《"健康中国2030"规划纲要》强调,实现全民健康要立足全人群和全生命周期两个着力点,突出解决好妇女、老年人、儿童等重点人群的健康问题。儿童时期是身心发育的关键时期,儿童健康成长关系着家庭幸福、社会稳定和可持续发展,对于实现全民健康有着重要意义。然而,随着城市化和机动化进程的加快,儿童肥胖率和慢性病发病率上升已成为严峻的全球公共卫生问题。从1975年到2016年,全球5~19岁儿童和青少年超重或肥胖的患病率从4%增加到18%,增幅超过三倍。《中国居民营养与慢性病状况报告(2020年)》指出,我国6~17岁儿童、青少年超重和肥胖率达到19%。

大量研究证实体力活动在促进儿童健康方面具有积极意义。体力活动可显著降低肥胖和慢性病的发生率。积极通学行为以较低的经济和时间成本保障了孩子们的身体活动需求,为儿童提供了锻炼身体的宝贵机会。积极通学不仅仅是一种交通工具的选择,更是一种促进身体、心理和社交健康的生活方式。

首先,积极通学是一种自然的身体锻炼方式,为儿童提供了日常锻炼的机会。近年来,随着电子设备的普及和生活方式的改变,儿童普遍面临着体力活动缺乏的问题,这对他们的健康带来了潜在的负面影响。步行或骑行上学可以弥补体力活动的不足,促进儿童的身体发育和生理健康。通过上学途中的锻炼,儿童可以在自然、轻松的环境中培养对运动的兴趣,从而形成终身积极的生活方式。

其次,积极通学行为对培养儿童的独立性和自主性具有重要作用。步行或骑行上学需要儿童自行规划路线、制定时间表,并独立解决可能遇到的问题。这种自我管理的经验有助于培养儿童的责任心和决策能力。因此,积极通学行为不仅是一种健康的出行方式,更是一种培养儿童全面素养的生活体验。

最后，积极通学行为还为儿童提供了社交互动的机会。步行或骑行上学的过程中，儿童可以结交同学、邻居，建立积极的社交关系。这有助于他们的社交技能和同伴关系的发展。良好的同伴关系有助于儿童更好地适应学校环境，减少社交障碍，提高情商和人际沟通技能。通过步行或骑行上学，儿童可以在轻松、自然的环境中建立友谊，培养团队合作的意识。

二、儿童积极通学现状及发展趋势

尽管积极通学对儿童的健康产生多方面的积极影响，但现实情况是，儿童积极通学比例逐年下降，这是一个不争的事实（图4-2-1）。在过去的40年中，包括美国、加拿大、德国、英国、瑞士、爱尔兰、澳大利亚和新西兰在内的西方国家的儿童和青少年积极通学的比例显著下降。以美国为例，1969年40.7%的美国学生选择步行或骑自行车上学，而到了2001年这一比例下降到了12.9%。这种现象在小学生和少数族裔群体中更为突出。类似的趋势也出现在澳大利亚。新南威尔士州（澳大利亚人口最多的州）的数据显示，5~9岁和10~14岁这两个年龄段的学生步行上学的比例已经分别从1971年的57.7%和44.2%下降到2003年的25.5%和21.1%。与此相对的是，机动化通学出行的比例持续增加。

发展中国家的交通出行方式也在经历着类似的变革。随着中国经济的快速发展和汽车工业的崛起，城市交通出行结构发生了显著变化。其中，儿童日常通学

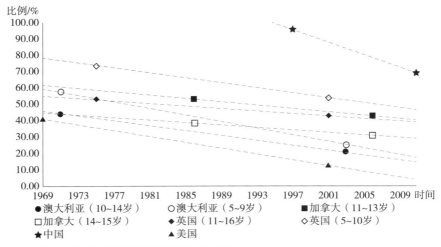

图4-2-1　1969—2009年世界范围积极通学比例变化
来源：作者综合相关文献数据绘制

出行方式的变化尤为明显。越来越多的儿童选择乘坐小汽车上下学，这一趋势在近年来愈发明显。同样，其他发展中国家如巴西、越南等也出现了类似的情况。积极通学的学生数量在这些国家也有不同程度的减少。以中国为例，上海的一组最新数据显示，越来越多的儿童（接近三分之一）选择机动化的交通方式上学。而新冠疫情似乎加剧了这个趋势。在越南，中小学校重新开学后，积极通学率从新冠疫情前的 53% 下降到不到 31%。此外，如果父母（尤其是母亲）在机动化出行中没有遇到障碍，他们就会倾向于使用机动车接送小孩上下学。

这种现象背后涉及多种因素。首先，城市化进程的推进和交通拥堵问题的加剧迫使许多家庭将孩子送往距离更远的学校，这导致他们更倾向于使用汽车或其他机动化的交通工具进行接送。其次，城市化进程中，城市生活居住用地规模在不断扩大，居住区从开放式小街坊转变为封闭式大街区，建筑也由多层建筑转向高层、超高层建筑。这种易于机动车出行的住区建设模式对儿童的居住环境和出行方式产生了巨大的影响。大型封闭式住区增加了儿童在住区中出行的距离，而人车混行的住区道路给儿童日常出行埋下了交通安全隐患。一些家长可能认为乘坐校车或公共交通工具更加安全和方便，因此不愿意让他们步行或骑自行车上学。此外，现代科技的进步使得孩子们更容易沉迷于电子设备，如智能手机和平板电脑，从而减少了他们步行或骑自行车上学的动力。最后，疫情也对人们的出行也产生了影响。由于封锁措施和社交距离的要求，许多出行转向选择私家车或步行等私人交通工具，导致儿童出行模式随之发生改变。

然而，这种现象带来了一系列问题。首先，机动化出行导致儿童户外活动时间减少，日常体力活动水平和体质不断下降。我国城市儿童的日常人均体力活动水平远低于国际组织的推荐值，也低于欧美国家城市儿童的体力活动值。中国儿童肥胖报告数据显示，在 1986—2006 年的 20 年期间，我国 0~7 岁儿童单纯性肥胖检出率迅速增长，1986 年儿童肥胖总检出率为 0.91%，2006 年调查显示，0~7 岁儿童肥胖总检出率为 3.19%，儿童超重检出率为 6.25%。其次，私家车的使用增加会加剧道路拥堵和空气污染等问题，也会增加交通事故的风险。统计数据显示，我国每年有超过 1.85 万名 14 岁以下儿童死于交通事故，儿童因交通事故的死亡率是欧洲的 2.5 倍、美国的 2.6 倍。2017 年涉及青少年儿童（0~18 岁）的交通事故中，通学途中引发的交通事故约占 7 成，是儿童交通事故主要集中地，其中 6 岁以下儿童通学途中引发的交通事故约为 35%。

第三节　儿童积极通学行为影响因素分析

一、儿童积极通学行为机制的理论框架

明确并更精准地量化儿童积极通学的影响因素是制定有效干预措施的前提。大量研究表明，儿童积极通学受到个体、父母、家庭特征和社区社会环境、建成环境等因素的共同影响。McMillan 最早在 2005 年提出建立一个关于建成环境影响儿童通学出行交通方式选择的概念模型[3]。在这个模型中，城市形态与儿童通学的交通方式决策相关联，城市形态被视为通过父母的感知、决策从而与儿童的通学交通方式有间接联系。模型确定了通学出行交通方式的关键决策者为父母，并突出了影响父母决策的中介和调节因素。然而，该框架的局限性在于城市形态与出行行为的直接关联尚不清楚。

在 McMillan 模型的基础上，Panter 等在 2008 年提出了一个由影响儿童积极出行行为的四个领域组成的新模型[4]。这些领域涉及儿童的个人因素、物理环境因素、外部因素（如气候或政策）和主要调节因素（年龄、性别和距离）。他们强调了城市形态的各种环境要素，重点关注在儿童和父母之间建立关联及其共同决策过程有关的相关因素，如设施、与个人和交通安全有关的环境因素以及路线的直线率等。然而，Mitra 认为 Panter 提出的模型没有明确解释不同层面的环境因素与积极通学行为选择联系起来的决策过程，存在一定的模糊变量[5]。

因此，为了解决这个问题，本节基于社会生态模型（Socio-Ecological Model，SEM）构建积极通学影响因素模型（图 4-3-1），全面地分析影

图 4-3-1　影响积极通学的社会生态学因素概念框架

来源：作者自绘

响积极通学的多层次因素,从建成环境、社会环境、学校因素、家庭因素和个体(儿童自身)因素五个方面深入探讨影响儿童积极通学的因素。

(一)建成环境

首先,家庭至学校距离对学生通学方式选择具有显著影响。随着家校距离的增加,选择非机动车通学的学生比例呈下降趋势。这一趋势可以从心理感知角度进行解释:较短的通学距离降低了家长和学生对步行或骑行的难度感知,从而增加了选择这些方式的可能性。相反,随着距离的增加,步行或骑行的感知难度升高,家长更加担心安全和疲劳问题,因此更倾向于选择机动车辆作为通学工具。此外,对于较远的通学距离,步行或骑行所需时间的显著增加可能与学生和家长的日常安排产生冲突。在时间效率方面,机动车辆通学在紧张的日程安排下显得更为优越。

其次,在步行性和距离交互方面,在所有距离中,较高的可步行性均增加了学生积极通学的概率。部分文献指出,步行友好型的环境特征,如高居住密度、高交叉路口密度、土地混合使用、人行道连续性和可用性、街道照明等,能有效促进学生选择步行或骑行。例如,Moran 等发现居住密度可以显著促进青少年步行[6];Ito 等基于美国麻省 105 所学校通学数据,揭示出土地利用混合度与步行通学概率的显著正相关关系[7]。Rothman 等证实了道路交叉口密度、街道绿视率和交通协管员(国外常见的帮助青少年过马路的交通指挥人员)与青少年步行通学显著正相关[8]。然而,也有研究指出,居住密度与步行上学之间并无显著相关性,且交叉路口密度与积极通学呈负相关。这可能是因为虽然高街道网络连通度增加了积极通学的路线选择,但同时也增加了儿童需要穿越的街道数量,从而提高了交通安全风险。此外,职住平衡比用地混合更能促进步行。在学校周边,交通设施、土地混合使用以及人口密度等因素与学生步行上学的可能性呈正相关。尽管如此,也有研究发现土地混合使用与步行上学之间不存在关系或呈负相关。这可能是因为尽管土地混合使用增加了步行可达的目的地数量,但这并不自动意味着人们愿意步行。学生和家长的步行动机同时受到安全感、时间成本和个人偏好等因素的影响。在一些高度混合使用的区域,交通密度可能较高,这可能导致步行或骑行的安全问题,进而抑制学生和家长选择步行或骑行上学。还有研究表明,在土地混合使用的社区中,如果没有配套的步行友好设计(如人行道、过街设施等),人们可能仍然倾向于使用汽车。

再次，家庭与学校周边的基础设施建设及通学线路沿线的环境因素对儿童积极通学模式的选择具有决定性影响。例如，一项针对巴西青少年的研究显示，积极通学行为与当地混合土地利用、社区娱乐设施、公园和广场的分布、自行车道建设及居住密度等因素存在显著相关性。此外，沿途的便利设施，如公共自行车站、自行车锁车设施、遮阳休息处等，均可显著提高学生步行或骑行上学的便利性与舒适度。人行道和自行车道的存在及其维护状况直接影响学生选择积极通学方式的可能性。Gao 等人的研究指出，交通拥堵情况可能影响家长是否让孩子步行或骑自行车上学，尤其是在上下学高峰期[9]。此外，对于儿童这一特殊群体，家长们通常担心孩子在缺乏人行道等设施的地方行走可能发生交通事故。已有文献发现，在人行道铺设完整度较高的建成环境中，步行上学的学生比例更高。然而，也有研究表明，仅仅改善人行道并不能显著提高步行上下学的比例，这反映出对步行影响因素的争议性。与此相比，关于自行车基础设施的研究则显示出较为一致的结论。文献普遍认为，自行车基础设施的缺乏是妨碍实现骑行的主要障碍之一。自行车专用设施的可用性，如独立自行车道和自行车停放空间等因素，对积极通学方式的选择具有显著影响。因此，完善的非机动车设施可以有效鼓励学生选择步行或骑行上学。

最后，建成环境空间品质更多地反映城市建成环境的空间质量和美感，同样对儿童选择通学出行方式和路径产生重要影响。在城市更新中，提升建成环境空间品质是一种成本较低、易于实施的措施，有助于提升积极通学比重。友好的积极通学空间设计包括街区规模、开放空间（公园、广场等）设计、林荫道、人行道完整度、街道界面以及自行车道布局等。在街区尺度上，多数研究认为小尺度的街区会促进积极通学。道路两旁房屋窗户面向街道的比例与积极通学呈现正相关关系。这是因为面向街道设计的房屋增加街道的安全感与亲近感，从而增加儿童积极通学的机会。更多的城市开放空间和行道树能促进步行行为。环境的美观度和舒适性也会影响学生的通学选择。树荫、绿化、良好的街道设计和维护可以提供愉悦的通学体验，从而鼓励学生步行或骑行。通学路径空间的质量和重要设施的周边环境会影响儿童通学方式的选择。如果学生有更好的步行和骑行的道路环境，他们步行和骑自行车上学的比例会大大提高。路径美学也极大地影响了通学模式的选择。在周围充满绿地的学校上学的孩子更有可能参与积极通学，其身体质量指数（BMI）更低。

（二）社会环境

除了建成环境以外，儿童积极通学行为还与社会环境因素密切相关。其中，社会发展水平、邻里和交通安全以及社会文化等因素都对学生们的出行方式选择产生重要影响。

首先，社会发展水平与积极通学行为密切相关。在不同社会经济背景下，学生的通学模式呈现显著差异。在相对贫困的农村地区，由于交通基础设施的不足和经济条件的限制，学生更多依赖步行或骑自行车等非机动车方式上学。相反，在城市地区，由于学校位置较为集中且公共交通系统更发达，学生更倾向于步行或使用公共交通工具上学。Delisle等进一步指出，相较于城市地区，农村地区的学生步行或骑行上学的可能性较低，而居住在中等城市的学生则有更多骑自行车上学的机会[10]。

其次，邻里和交通安全同样也是影响积极通学的重要社会环境因素。邻里安全涉及社区治安情况，而交通安全则关乎道路交通的安全性。对犯罪安全与交通安全的担忧与较低的体力活动水平相关，生活在安全性越高的社区，儿童越有可能参与体力活动。在犯罪安全方面，住在治安良好、犯罪率较低的社区中的儿童更可能步行或骑行通学。在犯罪率较低的社区中，儿童步行或骑车上学的比例明显高于犯罪率较高的社区。但是，高水平的社会凝聚力可以让学生父母感知到一个更安全的环境，从而增加他们孩子积极通学的可能性。相反，如果家长对儿童通学出行的安全不放心，特别是担心儿童在上学途中可能受到侵害，他们通常不会允许儿童在没有成人看护下独自去学校。在离学校较近的家庭中，尽管只有不到3.2公里的路程，但仍然有30%的家长认为安全问题是他们选择开车送孩子上学的主要原因。这些家长对于陌生人对孩子造成的危险感到更加担忧，甚至超过对交通安全的担忧。在父母无法陪同的情况下，如果他们认为该地区其他成年人能够帮忙照看他们的孩子，那么他们的孩子就更有可能步行和骑自行车上学。

在交通安全方面，良好的街道照明、完善的人行道和自行车道、有效的过街设施及交通信号、适当的减速措施等，都是确保学生安全通学的关键因素。例如，一项关于加拿大城市的研究发现，设有安全过街设施和良好照明的街道上，儿童步行或骑自行车上学的比例显著高于缺乏这些设施的街道。此外，道路的维护状况也是一个不容忽视的因素，良好维护的道路能够减少交通事故的发生，提高学生通学的安全性。与机动车的冲突是导致儿童受伤甚至死亡的主要原因之一。车流量过大、交叉口多等都是导致通学不安全的重要因素。瑞士的一项调查显示，有85%的家长对通学路径中的交通安全到担忧[11]。如果家长认为学校周边的交通状况不安全，他们通常会阻止孩子选择积极的通学方式。通常在学校周边发生的交通事故最多，而事故率会随着离学校的距离增加而逐渐下降。大部分儿童通学出行的交通事故都发生在道路中间段和交叉口上。美国一项基于9年交通意外数据的研究报告显示，步行与骑自行车是最为危险的通学出行方式之一。在所有的通学交通模式中，每1.6亿公里行程中，骑车儿童受伤与死亡事故为2050例与12.2例，步行儿童为590例与8.7例，而成人私家车接送的儿童中，这一数字为90例与0.3例。出于对安全性的担忧，越来越多的家长选择开车接送儿童上下学。因此，提升学校与社区交通环境的安全性是改变儿童机动化通学趋势的必要途径。

最后，社会规范和文化传统也会影响学生通学模式的选择。例如，荷兰、挪威等欧洲国家有小学户外教育的悠久传统，这种传统会引导人们对积极出行形成正面态度，从而促进骑车上学的行为。此外，来自父母以及同龄人的社会支持也有助于青少年选择积极的通学方式。当学生发现自己大多数同学选择积极通学时，他们也更愿意采用积极的通学行为。在欧洲这些自行车出行文化较为浓厚的国家，学生通学方式选择与其他国家存在较为明显的差异。在北美，随着城市郊区化和汽车依赖度的增加，积极通学的比例有所下降。美国和加拿大的儿童更倾向于乘坐汽车上学。亚洲各国在积极通学方面表现出较大差异。例如，日本和韩国的学生大多步行或骑自行车上学，而在中国和印度，由于城市化进程快速，交通安全问题成为制约积极通学的主要因素。澳大利亚和新西兰等国家的城市规划和生活方式导致了较高的汽车依赖度。但是，近年来政府和社区开始推动各种计划，以鼓励儿童步行或骑行上学。

（三）学校因素

学校性质及选择政策与通学出行方式选择之间存在密切联系。在美国，特色学校/示范性学校（Magnet School）①的学生选择积极通学的比例较低，而就近入

---

① 美国的精选学校，通常不执行学生的就近入学政策。"Magnet School"在中文语境下通常翻译为"特色学校"或"示范性学校"。这类学校因其特殊的教育项目或者教学特色吸引不同地区的学生，目的是通过提供特殊的课程，如科学、艺术或者国际事务等，来促进学术优秀和/或多样性。这样的学校往往拥有较高的教育水平和学术标准，吸引了大量希望接受特定领域教育的学生。在美国，这类学校是公立学校的一种，旨在通过特色课程吸引全区域内学生的兴趣。

学社区学校的学生更倾向于步行和骑自行车上学。此外，私立学校的学生与公立学校的学生相比，步行或骑自行车上学的可能性更小。学校规模扩大、社区学校的关闭和择校政策的实施都增加了学生的通学距离和时间，这可能对学生的积极通学意愿产生负面影响。

值得注意的是，学校的校服规定也是影响通学选择的特殊因素之一。例如，在新西兰，学校校服要求可能减弱了青少年选择骑车上学的动机，尤其对女生而言，校服的设计和使用规定限制了她们在午休时进行体育活动，以及骑自行车上下学的可能性[12]。由于大多数学校不允许学生穿着非校服的衣服骑自行车或步行上学，然后在到校后更换校服，这使得骑自行车上学变得不便。

（四）家庭因素

家庭因素是影响学生积极通学的重要且特殊的因素之一。学生的通学行为往往与家长的接送行为密切相关，通常属于家庭联合决策的结果。

首先，家庭规模和经济状况对积极通学模式有重要影响。在家庭规模方面，一种观点认为，当家中有多个学龄孩童之时，儿童不太可能乘坐校车，而更有可能由母亲开车接送上学。根据"规模经济"效应，父母开车送孩子上学的人均成本随着兄弟姐妹数量的增加而减少，进而减少积极通学而增加开车接送上学的可能性。相反的观点认为，家庭中兄弟姐妹的数量越多，积极通学就越常见。这是因为孩子一起出行增加了父母对积极通学安全性的信心，进而提升了他们允许积极通学的可能性。

此外，家庭社会经济地位越高，学生越不太可能积极通学，而低收入家庭的学生更有可能积极通学。这很大程度上受到家庭机动性水平（即私家车拥有情况）的影响。如果家庭拥有私家车，那么积极通学概率就会降低，且与私家车拥有量之间存在负相关联系。拥有一辆私家车以上家庭的孩子不仅不太可能步行和骑自行车，也不太可能使用校车或公共交通工具上学。

其次，父母的就业状况和工作出行模式会对学生的积极通学行为产生一定影响。学生的积极通学时间与父母的积极出行时间存在相关性。如果母亲全职工作且需要在早上通勤，那么学生步行和骑自行车上学的可能性就会减少。由于多数学生的通学出行都是由成年人陪同的，因此全职工作的母亲不太可能陪伴孩子步行上学，而更有可能选择开车送孩子上学。早上使用私人机动交通工具上班的父母，通常也会顺路开车送孩子去学校。如果母亲的工作时间较为固定，缺乏灵活性，她们也更倾向开车送孩子上学。此外，母亲的受教育水平与选择积极通学呈负相关关系。当父母有工作时，青少年选择积极通学的可能性会降低。

最后，父母的出行行为和态度对学生积极通学的影响不容忽视。他们对不同出行模式的态度会直接影响孩子积极通学的可能性。如果家长认为开车上学会给孩子树立不良榜样，或者他们在学生时代更多地采用积极出行方式，那么孩子更有可能积极通学。相反，如果父母认为开车比采用积极交通上学更容易，那么他们可能会倾向于让孩子乘车上学。即便孩子的通学路程在学校周边3.2公里半径内，有些父母仍然会选择开车送孩子上学，主要是因为他们更看重便利性和时间效率。此外，父母的态度可以调节建成环境对积极通学的影响。如果父母对积极通学的态度较为消极，那么建成环境与积极通学之间的关系就会相对较弱。而在那些家长对步行和骑自行车上学持积极态度的地区，建成环境对积极通学的影响会更加显著。家长的行为意图和感知行为控制也是影响学生积极通学的关键因素。具体来说，如果家长对于孩子步行或骑自行车上学持积极态度，并且认为自己能够有效控制和支持这种出行方式，那么孩子积极通学的可能性会显著增加[9]。

研究表明，父母对积极通学的态度主要受到建成环境、交通安全、距离、与犯罪相关的安全以及社会支持等因素的影响。在多数情况下，一个交通事故较少、犯罪率低且没有陌生人骚扰和欺凌的社会环境，会增加父母允许甚至鼓励孩子积极通学的可能性。然而，新冠疫情暴发后，由于担心社区感染，父母更有可能让孩子转向机动通学模式。他们认为积极通学会增加身体接触和病毒传播的风险。

一些研究还发现，父母在儿童积极通学行为决策中可能扮演不同的角色。尽管父母双方在积极通学方面面临一些共同的障碍，如出行距离、驾驶便利性和父母上下班模式，但还有一些障碍是母亲特有的，例如孩子的课外活动组织和孩子缺乏步行上学的兴趣。Panter等人强调，学生的通学模式选择在很大程度上受到母亲而不是父亲通勤模式选择的影响。而越来越多的证据支持了这一点。这可能是母亲通常花费更多的时间在家里陪伴子女，并承担着孩子的主要照顾者的角色。因此，她们在家庭结构中所发挥的影响更大，对孩子的态度和行为也会产生更大的影响。

（五）儿童自身因素

儿童自身因素也是影响其通学模式的主要因素之一。这些因素是家长在决定是否接送孩子上下学以及采用何种交通方式时的重要考量。通常男孩比女孩更有可能通过步行和骑自行车上下学，且不太可能由母亲陪同通学。这可能与女孩面临更高的安全风险有关（例如交通和犯罪），而男孩更有可能被允许在没有监督的情况下更大范围地探索邻里环境。

关于年龄对积极通学的影响，研究结果并不一致。有些研究认为随着年龄的增长，积极通学的可能性会降低。而另一项研究认为，年龄较大的学生更有可能选择积极通学。总体而言，13~17 岁的青少年比幼龄孩童更有可能独立步行和骑自行车上学。进入青春期和中学阶段后，青少年积极通学的次数会增加。一部分原因是父母认为此时他们能够保证独自上学的安全性。

二、儿童积极通学影响因素：基于家庭追踪调查数据的实证研究

（一）研究背景与研究方法

尽管之前的研究已经证实环境、学校、家庭、父母和个体等因素对儿童和青少年出行方式选择具有重要影响，但现有的研究框架未能全面整合这些因素。为了弥补这一研究空白，本研究以社会生态学模型为基础，针对中国儿童和青少年的积极通学行为与影响因素进行研究。

本研究采用中国家庭追踪调查（CFPS）[①]2014 年、2016 年和 2018 年三轮调查数据，关注 5~18 岁儿童和青少年的通学行为。针对儿童通学的社会生态学因素概念框架中包含了建成环境、社会环境、学校因素、家庭因素和个体因素五个维度的变量。然而，由于数据限制，本研究仅考虑环境因素、家庭因素、父母因素和个体因素维度的变量。经过对三年的调查数据汇总，研究得到了一个包含 5522 个有效案例的数据集。

本研究涉及的变量由两部分组成：一部分来自 CFPS 问卷，另一部分来自公开的环境数据。为了与研究目标相匹配，我们重新编码了变量"积极通学"。受访者被问及从住处到学校最常用的通勤方式，选项包括：1- 步行，2- 乘坐或骑自行车/三轮车，3- 乘坐或骑电动自行车/电动三轮车/摩托车，4- 乘坐公交车/自驾车，5- 地铁，6- 出租车，7- 校车，77- 其他。为简化分析，我们将此变量

---

① 中国家庭追踪调查（CFPS）是一项始于 2010 年的全国性综合纵向调查，主要目的是收集中国社会、经济、人口、教育和健康等各方面的详细信息。调查采用了隐含分层的多阶段概率比例抽样技术。在 2010 年进行的首轮调查中，调查对象包括来自 25 个省或其行政区的 14960 个家庭 33600 名成年人和 8990 名儿童和青少年。随后，又分别于 2012 年、2014 年、2016 年、2018 年和 2020 年进行了 5 次调查。

简化为二元变量。其中，步行和骑自行车/三轮车被编码为1，代表积极通学，其他交通方式则编码为0。

基于概念框架和现有数据集，最终确定13个独立变量。表4-3-1提供了对变量的详细描述。这些变量包括环境因素、家庭因素、父母因素和个体因素。通过探索这些变量对积极通学的影响，我们将更深入地理解积极通学行为。

变量描述 表4-3-1

变量	描述	类型
积极通学	从您的住所到学校，您最常用的通勤方式是什么？1=步行/骑行，0=其他	分类
个体因素		
居住在城镇	现在居住地：0=农村，1=城镇	分类
年龄	年龄	连续
男孩	性别：0=女孩，1=男孩	分类
父母因素		
母亲受教育水平	1=文盲/半文盲，2=小学，3=初中，4=高中，5=大学/学士学位/硕士学位/博士学位	有序
父亲受教育水平	1=文盲/半文盲，2=小学，3=初中，4=高中，5=大学/学士学位/硕士学位/博士学位	有序
母亲出生年代	0=X世代（生于1965—1980年），1=Y世代（生于1981—1996年）	分类
父亲出生年代	0=X世代（生于1965—1980年），1=Y世代（生于1981—1996年）	分类
家庭因素		
家庭规模	住在一起的家庭成员数量	连续
家庭收入	过去一年家庭总收入	连续
拥有私家车	您家是否有私家车：0=没有，1=有	分类
环境因素		
家校距离/km	从您的住所到学校的距离是多远？	连续
路网密度/(km/km^2)	专用自行车道、人行道以及设有自行车和步行基础设施的中低流量道路的总长度	连续
温度/℃	年平均气温	连续

来源：作者自绘

（二）实证结果

研究采用二元逻辑回归模型来评估多维度因素与积极通学行为之间的关系。首先，对整个样本进行全面分析。其次，根据世界卫生组织（WHO）的指导方针，将样本分为两个不同的年龄组，儿童组（5~9岁）和青少年组（10~18岁），并进行分组回归,从而比较不同组别的学生积极通学影响因素的差异。所有回归分析均使用 STATA16 统计软件进行。

表 4-3-2 总结了研究样本中的多维度变量。从数据中可以看出,大多数儿童和青少年(59%)选择骑自行车或步行作为主要的上学交通方式。此外,从家庭到学校的平均距离为 2.4 公里,这超过了在对主要步行或骑自行车上学的美国儿童的研究中观察到的 1.5 公里临界值[13]。

描述性统计分析　　　　　表 4-3-2

变量	比例(%)	均值(方差)
积极通学	59.29	
个体因素		
居住在城镇	53.04	
年龄		10.85(3.19)
男孩	52.90	
父母因素		
母亲受教育水平		2.70(1.21)
父亲受教育水平		2.91(1.14)
母亲出生年代		
X 世代	52.99	
Y 世代	47.01	
父亲出生年代		
X 世代	65.05	
Y 世代	34.95	
家庭因素		
家庭规模(住在一起的家庭成员数量)		5.12(1.86)
家庭收入		84822(160162)
拥有私家车	28.98	
环境因素		
家校距离 /km		2.35(3.91)
路网密度 /(km/km^2)		0.50(1.13)
温度 /℃		28.81(0.48)
年份		
2014	21.72	
2016	36.69	
2018	41.59	

来源:作者自绘

表4-3-3详细列出了回归结果,揭示了各种因素对积极通学行为的影响。在环境因素方面,研究发现家庭到学校的距离与积极出行方式之间存在显著的负相关关系($OR=0.198$,$p<0.01$)。这一发现表明,学生越远离学校,选择积极通学的可能性就越低。这一趋势与中国城市快速扩张和教育资源分布不均衡的情况密切相关。家长为了让孩子进入优质学校,往往愿意接受更长的通学距离。此外,高温也是积极通学的一大障碍($OR=0.647$,$p<0.01$),这与以往的研究结果相吻合[14],即在炎热天气中从事体育活动会带来健康风险,降低出行的舒适度。因此,在气温较高的地区,人们不太可能步行或骑自行车上学。另一方面,密集的道路网络对积极通学有正面影响($OR=1.066$,$P<0.05$)。完善的道路网络,尤其是包含行人和自行车设施的道路网络,为学生提供了更多、更安全、更便捷的路线选择,从而鼓励他们选择步行或骑自行车等积极的交通方式。这一发现强调了城市规划和基础设施的重要性,以促进积极通学行为的增加。

在家庭特征方面,研究结果揭示了高收入家庭($OR=0.852$,$p<0.01$)和有汽车的家庭($OR=0.831$,$p<0.05$)对学生积极通学行为的负面影响。这与之前在其他国家进行的研究结果一致,表明来自这些家庭背景的学生更倾向于选择非积极的交通方式。在中国深圳的一项研究中甚至发现,有车家庭的学生开车上学的可能性是无车家庭的2.647倍。

父母的受教育水平对孩子的积极通学方式选择产生了显著影响。研究结果显示,如果母亲受过高等教育,孩子选择积极通学的可能性相对较低($OR=0.714$,$P<0.01$)。这一关联可能归因于高等教育与更高的劳动力参与率之间的普遍相关性。先前的研究表明,母亲从事全职工作并在早晨上班家庭的儿童不太可能步行或骑自行车上学[15]。全职工作的母亲不太愿意步行送孩子上学,而更愿意开车送孩子上学。这主要是因为全职工作的母亲面临时间限制,导致步行成为不太可行的选择,而开车成为更方便的上学交通方式。相对地,父亲的受教育水平越高,孩子更倾向于选择积极通学($OR=1.123$,$P<0.01$)。这可能与父亲的受教育水平与家庭收入和工资的关联有关。随着父亲受教育水平的提高,其管理家庭开支的能力也相应地增强,这可能增加了母亲承担全职照顾角色的可能性。因此,当母亲有足够的时间承担接送责任时,孩子选择主动交通模式上学的可能性会更高。

与此同时,与"X世代母亲"相比,"Y世代母亲"的孩子积极通学概率下降($OR=0.803$,$p<0.05$)。这种代际差异凸显了交通偏好的转变,这可能受到社会规

范的演变、生活方式的选择或其他特定于不同代际母亲的因素的影响。然而，父亲的出生年份并没有显示出明显的影响。这可能是因为在中国传统社会中，母亲通常承担着更多的育儿责任。这种代际差异可归因于两个主要因素。首先，根据代际队列理论，重大国家事件有能力打破当时的社会秩序和价值体系，从而形成新的代际群体。出生在不同时代的个体在行为、习惯和价值观上表现出明显的特征和差异。正如 Aibar Solana 等人所指出的那样，这可能表明年轻一代的母亲在交通偏好上发生了转变[16]。与"X 世代"父母相比，"Y 世代"父母更倾向于选择其他交通方式，包括使用私家车。另一个因素可能是社会性别分工的变化，年轻女性越来越多地进入劳动力市场。性别角色转变导致越来越多的女性从事全职工作，这与之前讨论的母亲受教育水平影响相一致，即全职工作的母亲不太愿意步行送孩子上学，更倾向于开车。与"X 世代"母亲相比，"Y 世代"母亲的孩子步行或骑自行车上学的可能性呈下降趋势。

与女生相比，男生更倾向于积极通学（$OR=1.221$，$P<0.01$）。这一发现与美国现有研究结果相吻合，表明性别差异在积极通学行为中确实存在。部分原因可能是父母对男孩给予更多独立性的认可，而对女孩则倾向于提供更多的保护。有趣的是，这一发现与澳大利亚的一项研究不同，这也进一步表明文化差异决定了积极通学的性别差异。此外，年龄同样是影响积极通学行为的关键因素。随着年龄的增长，学生更倾向于积极通学（$OR=1.174$，$p<0.01$）。这种趋势可能是由于随着年龄的增长，学生的自主意识和独立意识不断增强。他们更加倾向于选择步行或者骑行的方式上学，而年龄很小的儿童通常依赖成人的护送上下学。

回归结果 表 4-3-3

变量	模型1（全样本）OR 数值（标准差）	模型2（青少年）OR 数值（标准差）	模型3（儿童）OR 数值（标准差）
个体因素	（−6.71）	（−4.03）	（−5.41）
居住在城镇	0.835**	0.775**	0.947
	（−2.36）	（−2.52）	（−0.45）
年龄	1.174***	1.113***	1.313***
	（11.73）	（4.98）	（5.91）
男孩	1.221***	1.279***	1.160

续表

变量	模型1（全样本）	模型2（青少年）	模型3（儿童）
	（2.99）	（2.86）	（1.36）
父母因素			
父亲受教育水平	1.123***	1.035	1.307***
	（3.01）	（0.70）	（4.08）
母亲受教育水平	0.714***	0.709***	0.717***
	（-8.79）	（-7.19）	（-4.93）
Y世代父亲	0.967	0.869	1.188
	（-0.34）	（-1.01）	（1.14）
Y世代母亲	0.803**	0.742**	0.770
	（-2.32）	（-2.50）	（-1.57）
家庭因素			
家庭规模（住在一起的家庭成员数量）	1.080***	1.122***	1.042
	（3.80）	（4.00）	（1.39）
家庭收入	0.852***	0.842***	0.840**
	（-3.99）	（-3.39）	（-2.52）
拥有私家车	0.831**	0.816*	0.854
	（-2.35）	（-1.95）	（-1.28）
环境因素			
温度	0.647***	0.686***	0.573***
	（-6.19）	（-4.26）	（-4.70）
路网密度	1.066**	1.018	1.180***
	（2.00）	（0.45）	（3.18）
家校距离	0.198***	0.153***	0.261***
	（-30.49）	（-25.27）	（-17.61）
年份			
2016	0.854*	0.839*	
	（-1.69）	（-1.68）	
2018	0.513***	0.628***	0.521***
	（-6.71）	（-4.03）	（-5.41）
N	5522	3589	1933
Pseudo R-squared	0.261	0.281	0.228
Log likelihood	-3728	-1668	-1339
Log likelihood	-2753	-2318	-1034

注：* 代表 $P<0.1$，** 代表 $P<0.05$，*** 代表 $P<0.01$。
来源：作者自绘

此外，分组回归结果显示，青少年和儿童在积极通学行为上的影响因素存在显著差异。在儿童组中，道路密度对积极通学具有显著的正向影响（$OR=1.180$，$p<0.01$），而在青少年组中则未观察到显著的影响。此外，在儿童组中，父亲的受教育程度对积极通学的影响也是显著的（$OR=1.307$，$p<0.01$），而在青少年组中则没有观察到显著影响。相反，在青少年组中，"Y 世代母亲"对积极通学产生了潜在影响（$OR=0.742$，$p<0.05$），但这一因素在儿童组中并未表现出类似效果。同时，家庭成员数量增加似乎与青少年积极通学的概率提升有关（$OR=1.122$，$p<0.01$），而有汽车的家庭则会降低青少年积极通学的可能性（$OR=0.816$，$p<0.10$）。此外，城市青少年学生更倾向于选择机动车出行方式（$OR=0.775$，$p<0.05$）。而在青少年群体中，男生比女生更倾向于步行或骑自行车上学（$OR=1.279$，$p<0.01$）。

这些差异可归因于多种因素。由于年龄较小的儿童通常缺乏独立性，他们在选择上学交通方式时更加依赖父母。密集的道路网络可能给父母带来更强的安全感，从而影响了他们对儿童交通方式的选择。相反，青少年与同龄人相处的时间往往超过与家人相处的时间，这使得他们在出行决策上拥有更大的自主权，并增加了对积极通学的偏好。

（三）结论与政策启示

基于社会生态建模的视角，本研究关注了中国儿童和青少年的积极通学行为，并探讨了环境、家庭、父母和个体等多层次因素的影响，从而为公共政策提供了有价值的见解。从 2014 年到 2018 年，中国学生积极通学的比例显著下降，这凸显了应对这一趋势的必要性和紧迫性。为了扭转这一趋势，政策制定者应考虑采用多元化的方法，并深入了解不同层面对积极通学行为的影响因素。

在环境特征层面，我们的研究结果强调了基础设施在塑造积极通学（AST）行为方面的关键作用。密集的道路网络显现出积极的影响，凸显了投资互联和安全的交通基础设施的重要性。与此同时，识别出的阻碍因素，如离学校距离较远和气温较高，强调了需要有针对性的干预措施来克服这些障碍，创造一个有利于积极通勤的环境。

家庭特征在积极通学（AST）参与中起着重要作用，研究结果表明，来自高收入家庭或拥有私家车的学生更不倾向于选择积极出行。可以通过教育和宣传以提高学生和家长对积极通勤的认识。通过这些教育和宣传活动，可以强调积极通勤对健康和环境的积极影响，从而激发家长和孩子积极通学兴趣。

父母的特征，包括母亲的受教育程度和代际趋势，对积极通学行为也有显著影响。为了支持父母在鼓励孩子积极通学方面发挥更积极的作用，建议制定工作与生活平衡计划，特别是关注母亲的需求。这些计划可以包括提供更加灵活的工作时间安排、育儿假期和托儿服务，以减轻母亲在家庭角色中的负担，使其更容易支持孩子积极通学。此外，建议积极倡导挑战社会上存在的有关性别的定型观念。在某些社会中，人们可能仍然持有传统的性别角色观念，这可能会限制母亲追求职业生涯或支持孩子积极通学的能力。因此，通过教育和宣传，我们可以努力改变这些刻板印象，鼓励家庭成员共同承担责任，推动更加平等的家庭和社会角色分配，从而促进积极通学环境的改善。

总体而言，要促进中国儿童和青少年的积极通学行为，需要一种综合方法，考虑到环境、家庭和父母因素的多方面影响。通过实施有针对性的干预措施和支持性政策，政策制定者可以为学生创造一个更加鼓励积极、健康和可持续通勤方式的环境。

第四节　鼓励儿童积极通学的政策要点

社会生态模型（SEM）为鼓励儿童积极通学的行为干预措施提供了一个全面的解释框架。儿童积极通学出行受到多层次因素的影响，包括建成环境、社会环境、学校因素、家庭因素和儿童自身因素等，这些因素涉及政策、社区、组织、人际及个人五个层面。为了促进积极通学行为，政策要点由政府制定，社区和学校则负责具体措施的组织和实施。邻里、家庭和儿童也需要参与其中，形成一个自上而下的综合性行为干预政策。

一、城市规划

城市规划需要重视儿童通学的需求，并优化人行道和自行车道的设计，以确保他们能够安全地往返学校。为了实现这一目标，可以借鉴一些成功的案例和理念：2006 年《代尔夫特宣言》提出了"儿童友好型"街区环境的设计理念。这个理念的核心是尝试在不增加现有机动车数量的基础上，找到机动车与儿童户外活动之间的平衡点，鼓励成年人和儿童更多地步行或骑行。为了评估街道对儿童的友好程度，还提出了"KidStreetScan"评价工具。随后，2020 年 5 月，美国全国城市交通官员协会发布了《儿童友好街道设计手册》。该手册提出了 10 项行动，以改造对儿童健康友好的街道，包括从儿童的视角考虑问题、抑制私人机动车、修建宽阔的无障碍步道、增加玩耍学习空间、提供安全骑行设施、改善步行过街条件以及增加绿植景观等。在实践方面，美国波特兰地区及荷兰代尔夫特市已经采取了具体的措施。2001 年，美国波特兰珍珠区颁布了《珍珠区发展规划》，通过规划街区绿道、自行车道和无机动交通的街道等，将学校、公园、图书馆和游戏场等儿童出行频率较高的地点串联起来。这不仅方便了儿童的出行，还促进了学校、家长和社区组织等共同为儿童出行规划合理的线路，从而减少了安全隐患。另一个例子是 2008 年荷兰代尔夫特市实施的"儿童路权（Kindlint）"项目。该项目旨在鼓励儿童步行和骑行上学。为此，该市专门为儿童修建了安全通廊，这条通廊连接了学校、游乐场、运动场等儿童活动空间，而且沿途兼具可玩性与安全性，使儿童的出行成为一种愉快的体验。

此外，为了确保学校周边的交通安全，可以通过规划引导来控制车速。在许多学校门口，由于缺乏有效的车速限制措施，学生和行人的安全面临威胁。荷兰在20世纪90年代实施的"儿童路权"项目就是一个成功的规划干预案例。该项目严格限制机动车在学校周围居民区的车速，显著提高了安全性。具体而言，该项目包含了以下重要内容。首先，设置明显的车速控制标志和标牌。在学校区域周围设置醒目的车速限制标志，如"限速每小时30公里"，以提醒驾驶员降低速度。明确的标志有助于驾驶员了解适用的速度限制。其次，安装实时速度显示器。在学校附近的路段安装车速实时显示器，使驾驶员能够随时了解自己的车辆速度。这种可视化提醒有助于促使驾驶员自觉遵守限速规定。此外，进行路段减速设计。对学校周围的道路进行特殊设计，如增加减速带、路障或使道路变窄，以迫使车辆减速。这些设计可以减少车辆高速行驶的机会，从而增强交通安全性。综合运用这些措施将有助于改善学校周围的交通安全环境，鼓励儿童步行或骑行上学，并增强他们的安全感。

最后，参与式规划是一种重新建立居民与生活环境之间联系的有效方法。儿童积极通学行为与父母的态度和感知安全性密切相关。因此，让父母和学生参与城市空间规划和设计过程，可以增强他们对环境的认同感和责任感。学生们的通学出行经历可以为规划师提供宝贵的见解。通过以儿童的视角设计城市，我们可以在社区、学校以及通学路径周围创造一个安全、适合步行/骑自行车的环境，从而促进积极通学行为的形成。在孩子上学的过程中，提供观赏性、安全性、舒适性的景观可以大大增加步行或骑自行车的出行概率。学校布局规划应充分考虑周边居民的步行基本条件，避免不合理的绿化导致人行道实际使用宽度不足的情况。同时，设计和建造更安全、更方便的行人设施，并与车道保持良好的分隔，确保十字路口和人行横道的良好维护，有助于保障通学出行的安全性和便利性。

二、学校选址布局

学校选址布局对于可持续积极通学至关重要。不论是新建学校还是扩建现有学校，都应优先考虑支持积极通学的规划政策。这些决策可能会显著改变学生的出行行为，因此需要特别关注以下几个方面：

首先，学校应提供支持性基础设施，如自行车停车设施，并降低机动车的支配地位，以创造更有利于积极通学的校园环境。此外，应积极推进积极通学路线的优化改造，以提高路线的安全性，并减少学校周围的交通压力。在实施安全改善策略时，应优先考虑社区的安全情况和学生人数，并制定短期到中期的补救措施，以鼓励学生和家长选择积极出行方式。

其次，学校的布局规划应充分考虑满足周边居民的步行需求。这包括步行路的宽度、通行性、附近区域的车速以及车流阻碍等因素。此外，需要避免不恰当的绿化设计，以确保人行道的实际使用宽度不受影响。

最后，学校在改进交通设施方面应采取一系列措施。这包括增设自行车道、安排自行车停车场，以及采取有效的机动车和非机动车分离措施。也可以考虑设置学校附近的步行接送点。此外，将学校周边道路的限速降至每小时30公里，有助于提高儿童出行的安全性，促进积极通学。学校和当地社区应积极提供基础设施支持，包括规划通往学校的安全路线、实施学区内的慢行交通措施，并提供学校内的自行车或其他轮式设备的存放场所。这些举措将有助于创造更适合积极通学的学校环境。

三、教育干预措施

教育在提升儿童交通安全方面起着至关重要的作用。通过传授安全知识、宣传步行与骑车的益处等措施，可以改变家长的态度，提高儿童的安全意识与能力，并规范成人的驾驶行为。这些措施包括学校课程教育、家长指导和社区教育等。然而，多数研究表明，教育措施对儿童步行与骑车通学的积极影响并不显著。为了更有效地提高儿童步行和骑行安全，笔试和训练式的教育是一个必要的手段。例如，霍兹（Hotz）等人在佛罗里达州的安全干预措施评估中发现，安全知识笔试能够增加儿童的安全知识，并促使他们在人行横道上表现出更安全的过街行为。

此外，驾驶者的行为对交通安全具有决定性影响。尽管安全教育对驾驶者交通行为的影响甚微，但单独的教育项目并不是有效的解决方案。为了取得长期效果，需要与其他干预措施相结合，如人行道建设和鼓励或强制措施。例如，美国缅因州自行车安全教育项目的评估结果显示，安全教育对该州2000—2007年间10~14岁儿童自行车事故比例下降51%起到了重要贡献，但这与交通基础设施建设和相关鼓励及强制措施的实施密不可分。

除了在安全教育中强调交通规则和行为规范之外，学校和社区还可以提供以技能为基础的安全教育。例如，学校可以针对低年级学生和家长，教授安全的骑单车方法，从而提高儿童骑单车的熟练程度和骑行安全性。此外，头盔使用法的实施也可以作为教育干预措施的一部分，以增加学生群体对自行车头盔的使用率。

在儿童成长过程中，交通安全和环境意识的教育尤为重要。由于儿童对交通规则和环境保护的知识有限，他们需要成年人的引导和监督。家长、老师和其他关心孩子成长的人应该积极参与孩子的出行活动，确保他们的安全。同时，通过教育和示范，帮助孩子树立正确的交通安全意识和环保观念，帮助他们从小养成良好的出行习惯。

四、政府管理举措

在促进积极通学方面，政府需要进行结构性调整。政府和企业应该提供灵活的工作安排，以便父母能够陪同孩子积极通学。此外，新的和现有的积极通学干预措施应与伤害控制策略相结合，以确保交通安全。

在交通安全方面，政府应该加强交通安全教育和执法。这包括在学校和学区周边地区强调交通安全教育的重要性，以提高学生和家长的安全意识，从而创造更安全的通勤环境，鼓励更多学生选择积极通学方式。

政府还应积极支持可持续出行方式的发展，如骑自行车、步行和使用电动交通工具等。这些方式不仅有助于减少环境污染，还有益于学生的身体健康。政府可以通过提供资金支持、建设相应的基础设施以及制定政策来促进这些可持续出行方式的采用。

此外，教育家长和孩子关于交通安全和环境保护的重要性也是至关重要的。家长可以在家庭中强调这些价值观，与孩子分享积极通学的益处。此外，可以设立奖励机制或举办活动，以激发孩子们的兴趣和动力，使他们更愿意选择步行和骑自行车上学。这些措施有助于创造一个积极通学的文化，鼓励更多学生积极参与。

最后，在公共卫生方面，建设我国高密度的城市环境的"15分钟生活圈"对于解决能源有限、污染严重和老龄化社会的问题具有重要意义。这个概念强调人们能够在15分钟内便捷地获得所需的服务和资源，包括学校。这有助于提供鼓励积极通学的理想背景。我们建议特别关注低渗透性城市形态对非机动交通的"15分钟生活圈"所造成的障碍。为了促进积极通学，可以考虑对封闭居住区进行微改造或管理调适，以提供内部步行路径的临时利用，从而增加积极通学的吸引力。这些政策和举措也与《国务院关于实施健康中国行动的意见》提出的共建共享作为健康中国基本路径的指导思想一致。通过构建"15分钟生活圈"，我们可以为更多人提供便利的积极通学选择，推动健康中国的实现。

本章参考文献

[1] 王侠，焦健. 基于通学出行的建成环境研究综述 [J]. 国际城市规划，2018，33（6）：57-62，109.

[2] 惠英，廖佳妹，张雪诺，等. 基于行为活动模式的儿童友好型街道设计研究 [J]. 城市规划学刊，2021（6）：92-99.

[3] MCMILLAN T E. Urban form and a child's trip to school: The current literature and a framework for future research [J]. Journal of Planning Literature，2005，19（4）：440-456.

[4] PANTER J R，JONES A P，VAN SLUIJS E M F. Environmental determinants of active travel in youth: A review and framework for future research [J]. International Journal of Behavioral Nutrition and Physical Activity，2008，5：34.

[5] MITRA R，FAULKNER G E，BULIUNG R N，et al. Do parental perceptions of the neighborhood environment influence children's independent mobility? Evidence from Toronto, Canada [J]. Urban Studies，2014，51（16）：3401-3419.

[6] MORAN M R，PLAUT P，BARON EPEL O. Do children walk where they bike? Exploring built environment correlates of children's walking and bicycling [J]. Journal of Transport and Land Use，2016，9（2）：43-65.

[7] ITO K，REARDON T，ARCAYA M，et al. Built environment and walking to school: Findings from a student travel behavior survey in Massachusetts [J]. Transportation Research Record: Journal of the Transportation Research Board，2017，2666：78-84.

[8] ROTHMAN L，TO T，BULIUNG R，et al. Influence of social and built environment features on children walking to school: An observational study [J]. Preventive Medicine，2014，60：10-15.

[9] GAO Y，CHEN X，SHAN X，et al. Active commuting among junior high school students in a Chinese medium-sized city: Application of the theory of planned behavior [J]. Transportation Research Part F: Traffic Psychology and Behaviour，2018，56：46-53.

[10] DELISLE-NYSTROM C，BARNES J D，BLANCHETTE S，et al. Relationships between area-level socioeconomic status and urbanization with active transportation, independent mobility, outdoor time, and physical activity among Canadian children [J]. BMC Public Health，2019，19（1）：1-12.

[11] BRINGOLF-ISLER B，GRIZE L，MADER U，et al. Personal and environmental factors associated with active commuting to school in Switzerland [J]. Preventive Medicine，2008，46（1）：67-73.

[12] REIDY J. Reimagining school uniforms [Z]. Wellington: University of Otago，2022.

[13] BECK L F，NGUYEN D D. School transportation mode, by distance between home and school, United States, ConsumerStyles 2012 [J]. Journal of Safety Research，2017，62：245-251.

[14] KOEPP A E, LANZA K, BYRD-WILLIAMS C, et al. Ambient temperature increases and preschoolers' outdoor physical activity [J]. JAMA Pediatrics, 2023, 177(5): 539-540.

[15] PANTER J. Towards an understanding of the influences on active commuting [D]. Norwich: University of East Anglia, 2010.

[16] AIBAR SOLANA A, MANDIC S, LANASPA E G, et al. Parental barriers to active commuting to school in children: does parental gender matter? [J]. Journal of Transport & Health, 2018, 9: 141-149.

第5章

积极交通出行与健康城市

第一节 积极交通对城市居民健康的多方面益处
第二节 空气质量改善与健康城市的关联
第三节 健康城市规划与积极交通策略的融合
第四节 城市环境、自行车出行与心理健康：实证研究在现代都市中，交通规划不仅承载着作为城市"神经系统"的重要角色，更成为影响城市居民生活质量的关键因素。如何在确保出行便捷的同时，促进居民身心健康，已成为交通规划领域的重要议题。本章将深入探讨积极交通出行与健康城市之间的内在联系，通过多维度分析其所带来的裨益，为提升城市居民生活质量探索切实可行的策略。

在第一节中，我们全面概述了积极交通对城市居民健康的广泛影响，彰显了其在提升居民生活质量方面的重要作用。

在第二节中，我们将聚焦于积极交通在改善城市空气质量方面的突出贡献。揭示了其对城市环境质量的深远影响。

在第三节中，我们进一步探讨了健康城市规划与积极交通策略的融合。从构建步行友好型城市，到自行车道的拓展与接驳系统的优化，我们深入剖析了健康城市规划与积极交通之间的紧密关系。结合国际范例和最佳实践案例的深入分析，我们将为城市规划者、政策制定者和社区领导者提供具有操作性的指导原则，使积极交通真正成为城市规划中不可或缺的核心要素，共同致力于打造一个健康、宜居的城市环境。

在第四节中，我们通过一项实证研究证实，骑自行车不仅是一种绿色的出行方式，更是一种有效减轻居民心理压力、提高整体福祉的有效干预手段。这一发现为城市居民提供了更多选择健康出行方式的理由，同时也为城市规划和交通政策制定提供了新的思考角度。

第一节 积极交通对城市居民健康的多方面益处

在繁华都市的喧嚣之外,步行和骑行不仅代表着一种积极和可持续的出行选择,它们更是城市健康生态中不可或缺的催化剂。本节内容将全方位地探究积极交通为城市居民健康带来的多方面益处,这些益处涵盖了身体健康、心理健康以及社会健康等多个维度。通过深入解读,本节将展示积极交通如何成为推动城市居民转向更健康生活的关键推动力。

一、积极交通出行对居民身体健康的影响

推广积极交通方式,如步行和骑行,可以有效降低机动车辆的使用,从而改善周围环境的空气质量。随着空气质量的提升,居民的呼吸健康水平也随之提高。根据《整体环境科学》(*Science of The Total Environment*)杂志上的一项研究,与驾车相比,步行和骑行能显著降低空气中颗粒物的浓度,进而降低呼吸道疾病的发病率[1]。更为重要的是,步行和骑行不仅仅是一种出行方式,它们本身也是一种对健康有益的锻炼方式。这些活动能够有效提升呼吸系统的健康水平。研究发现,定期进行有氧运动可增加肺活量、改善肺功能,并降低呼吸频率,从而减少呼吸道疾病的风险。因此,选择步行或骑行作为日常交通方式,不仅有助于减少个体在空气污染中的暴露,还能促进呼吸系统的锻炼,为维持良好的呼吸健康创造有利条件。此外,积极交通方式的推广不仅对个人健康有益,还能对整个社会产生积极的影响。通过减少空气污染,城市居民的生活质量将得到显著提升,同时,社会医疗成本也有望降低。瑞典的一项研究进一步支持了这一点。该研究指出,通过鼓励步行和骑行的交通方式,城市有望降低因呼吸系统疾病而产生的医疗支出[2]。

除此之外,步行和骑行还是极佳的有氧运动方式,有助于提高心血管健康水平。在现代城市生活的快节奏中,心血管疾病逐渐成为一种普遍的健康隐患。而

步行和骑行，作为低强度的有氧运动形式，正是有效预防心血管疾病的良方。一项发表在《美国流行病学杂志》（American Journal of Epidemiology）上的研究揭示了一个重要发现：步行和骑行的频率与心血管疾病的发病率之间存在负相关关系[3]。这意味着，通过步行和骑行锻炼，人们可以降低血压、改善血脂水平，从而减少心血管疾病的风险。

最后，选择积极的交通方式，城市居民可以更轻松地将运动融入繁忙的日常生活中，从而有效降低肥胖的风险。在当今社会，肥胖问题已然成为全球性的健康挑战。随着现代生活方式的改变，久坐不动、高能量食物的便捷获取等因素共同导致了肥胖症的广泛出现。积极的出行方式能够显著促进身体的代谢活跃。代谢是身体消耗能量的过程，而一个活跃的代谢状态通常意味着更高的卡路里燃烧。因此，通过选择步行或骑行作为日常交通方式，人们不仅能够减少对环境的负面影响，还能促进自身的能量平衡，减少不必要的能量积累，从而有效控制体重。在这一背景下，积极出行方式逐渐被视为一种控制体重、降低肥胖风险的有效健康策略。美国运动医学协会的建议明确指出，每周至少进行150分钟的中等强度有氧运动对维持健康至关重要，而步行和骑行正是实现这一目标的便捷途径。为了实现更健康的生活方式，政府、社区和个体都需要共同努力。通过城市规划，建设更多的步行和骑行专用道路，以及鼓励使用公共交通等手段，我们可以促进积极出行方式的普及，为整个社会创造一个更加健康、可持续的生活环境。

二、积极交通出行对居民心理健康的影响

积极的交通方式与改善心理健康之间存在着紧密联系。当前，心理健康问题受到了前所未有的关注。人们的生活方式与心理健康之间，存在着千丝万缕的联系。随着现代社会的发展，人们面临的压力与挑战与日俱增，这使得寻找切实有效的途径来维护和提升心理健康水平，变得尤为重要和迫切。城市居民心理健康的改善，与积极出行的内在特征直接相关。

一方面，步行和骑行作为低强度的有氧运动，在促使身体释放"快乐荷尔蒙"（如内啡肽和多巴胺）方面发挥了显著作用。这些内源性荷尔蒙不仅有助于提升人们的情绪状态，还能有效减轻焦虑感。通过参与这些适宜的身体活动，人们能够打破久坐不动的生活方式，体验到更为积极的情绪和心境，进而提升认知能力，并对预防抑郁情绪产生积极影响。这种积极作用的机制与体力活动触发的神

经递质活动密切相关。具体来说，通过运动释放多巴胺、血清素、肾上腺素和内啡肽等神经递质，能够改善人们的情绪状态，提升兴奋感和专注力；同时，运动还能通过降低皮质醇来抑制主观抑郁水平。此外，增加运动量还有助于调节生理压力，这主要是通过减少压力相关荷尔蒙的分泌以及减弱心血管系统对压力的反应来实现的。选择步行和骑行通勤的人群相比于驾车通勤的人群，更容易保持良好的心理健康状态。定期的轻度运动，如步行，已被证实对缓解生活压力和改善心理健康具有显著效果。更重要的是，选择步行、骑行等方式的人群更容易感受到积极的自我价值感，从而减轻抑郁症状。这种积极的自我认知有助于形成良好的心理循环，提升整体心理健康水平。

例如，骑自行车是一种低成本但有效地促进心理健康的方式。首先，骑自行车作为一种体育锻炼，能够刺激神经递质如多巴胺、血清素以及内啡肽的释放。这些神经递质在调节情绪、提升心情、缓解疼痛以及减少压力等方面扮演着至关重要的角色。其次，心理学研究揭示，规律的身体活动能够显著提高自我效能感和自尊水平，进而更为深远地改善情绪状态，有效缓解焦虑与抑郁的症状。骑自行车，作为一种中强度至高强度的体育活动，同样能够带来这些心理健康的益处。不仅如此，骑自行车还能让人们置身于户外与自然环境之中。根据注意力恢复理论，在户外骑自行车时——无论是穿越开阔的田野、宁静的街区，还是探索有趣的地方——都能够引发一种无意识的注意力转移，为骑行者提供了宝贵的大脑放松与恢复的机会。

另一方面，通过身体移动，积极出行者能更加深入地感知周围的出行环境，这不仅增强了他们的感官能力，还让他们有机会以全新的视角去体验世界。这种感官的敏锐化使他们能够捕捉到生活中更多丰富多彩的细节，进而获得更多的主观幸福感。例如，积极出行者在行走或骑行时，会更加专注于周围的环境，与周围的人和事物产生更多的互动，这种深度的参与和接触让他们感受到心理的满足和愉悦。此外，心理健康与睡眠质量之间存在着紧密的联系，而压力和焦虑往往是影响睡眠质量的罪魁祸首。积极出行作为一种有效的压力释放途径，能够帮助人们缓解紧张情绪，提升放松感，从而对改善睡眠质量产生积极影响。一项刊登在《精神病学年报》(*Psychiatric Annals*)上的研究进一步证实了这一点，该研究发现，参与规律的身体活动，尤其是在白天选择步行、骑行等积极出行方式，能够调整人体的生物钟，提高入睡效率，进而全面提升睡眠质量[4]。

因此，选择积极出行不仅是对身体健康的投资，也是对心理健康和良好睡眠质量的保障。

三、积极交通出行对居民社会健康的影响

步行和骑行提供了良好契机，极大地促进了人与人之间的交流与互动。随着城市化的脚步日益加快，人们的生活方式越来越倾向于依赖机动车辆，这种趋势在一定程度上削弱了城市居民之间的社交联系。然而，积极的交通方式，如步行和骑行，正在改变这一局面。它们通过转变出行方式，为人们提供了更多社交的机会，从而营造出更加开放、友好的城市社交环境。选择步行或骑行的居民更有可能参与到社区的各项活动中，与邻里之间建立起紧密的联系。这些活动不仅让居民更加融入社区，还帮助他们建立了稳固的社交关系，对心理健康和生活质量产生了深远的影响。步行和骑行作为低速、近距离的出行选择，鼓励人们更多地走出家门，在社区内活动，促进了面对面的沟通交流。在这些活动中，人们更容易停下脚步，与邻居亲切交谈，了解社区内的最新动态。这种轻松自在的交流方式不仅增强了社交互动，还让社区变得更加温馨、和谐。因此，步行和骑行的交通方式在促进社区居民建立更为亲密的人际关系、形成良好的社交网络方面发挥了不可替代的作用。

积极的交通方式在增强社区凝聚力方面发挥着不可或缺的作用。社区凝聚力，作为衡量社区成员间紧密合作与联系的重要指标，得到了显著的提升。选择步行、骑行或乘坐公共交通的人们，更有可能积极参与到各类社区活动、志愿服务中去，这些行为无疑为加强社区内部的联系奠定了坚实的基础。居住在以步行为主要出行方式的社区中的居民，展现出更高的意愿参与社区事务，进而形成更为紧密的社区群体。这种现象表明，积极的交通方式不仅促进了人们的出行，更在无形中加深了人们对社区的归属感。人们更容易在步行的过程中感受到社区的温暖与凝聚力，从而共同为打造稳固的社区基础贡献力量。同时，选择这些环保出行方式的人们，往往对环境友好型出行有着更为深刻的认知。这种出行意识不仅体现在个人的行为选择上，更在社区居民间形成了一种共同的价值观，进一步强化了社区意识。积极的交通方式与环保行为之间存在显著的正向关联，共同的环保意识如同纽带，将社区居民紧密地联系在一起，共同为构建更加和谐、宜居的社区环境而努力。

综上所述，积极的交通方式为城市居民的健康带来了广泛的裨益。它不仅有助于改善呼吸健康、提升心血管功能、有效控制体重及降低肥胖风险，还显著促进了心理健康、社交互动以及社区凝聚力的增强。这些益处不仅局限于个人层面，更在宏观层面对整个城市的健康发展和可持续建设产生了深远的积极影响。鉴于此，政府和社会各界应携手并进，大力推广积极的交通方式，致力于为城市居民打造更加健康、宜居的生活环境。

第二节 空气质量改善与健康城市的关联

城市空气质量关乎每一位市民的健康与福祉。然而，近年来，城市空气污染问题已逐渐演变为社会关注的焦点。在众多污染源中，城市交通活动尤为突出，被视为空气质量恶化的主要推手之一。鉴于此，推动积极交通方式的发展，不仅是对空气质量改善的有力回应，更是迈向健康城市建设的重要一步。本节将着重探讨积极交通在净化城市空气、促进健康环境构建中的关键作用。

一、空气污染、体力活动和对健康的影响

空气污染已成为当今城市生活中亟待解决的重大难题。特别是机动车辆排放的尾气，其中含有的颗粒物、一氧化碳、氮氧化物等有害物质，对人体呼吸系统构成了严重威胁。长时间置身于污染空气中，人们更易罹患哮喘、慢性阻塞性肺病（COPD）等呼吸道疾病。全球十分之九的人呼吸被污染的空气，每年因空气污染造成的死亡人数达到700万人。由中风、肺癌和心脏病导致的死亡中高达三分之一缘于空气污染。

同时，空气污染和缺乏体力活动都被认为是导致非传染性疾病过早死亡的重要原因。体力活动对人体健康具有直接且长期的益处，它有助于降低患心血管和呼吸系统疾病、2型糖尿病、某些类型癌症以及死亡的风险。相反地，长期暴露于空气污染环境下，则会显著增加上述疾病及过早死亡的风险。除此之外，空气污染与体力活动之间还存在着更为复杂的相互影响关系。空气污染不仅可能直接影响人们的体力活动行为，从而部分或完全抵消体力活动带来的健康益处（图5-2-1），还可能对公众健康产生更为深远的影响，尤其是在污染程度较高的地区。在中国，研究人员和政策制定者已经意识到，室外环境的空气污染可能会阻碍户外体力活动的开展，而暴露于空气污染所带来的健康风险甚至可能抵消那些旨在促进体力活动的政策优势。然而，空气污染对体力活动行为和

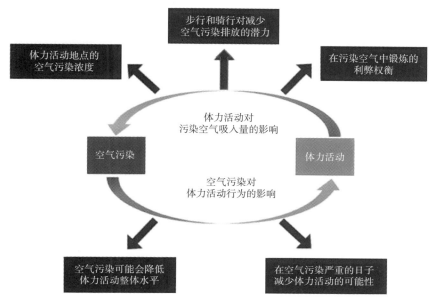

图 5-2-1　空气污染与体力活动相互作用示意图
来源：作者根据参考文献 [5] 改绘

健康的影响并不仅限于室外环境。室外空气会渗透到室内，而室内环境本身也可能存在空气污染源。因此，无论是室内还是室外环境，空气污染都可能在交通、休闲、职业等多个领域对人们的体力活动行为与健康产生不良影响。

（一）空气污染、体力活动和对健康的短期影响

长期暴露于空气污染环境中会导致心率变异性（HRV）持续降低[6]。然而，这一关系并非总是线性的。例如，黑炭含量的增加与低空气污染环境下副交感神经活动的减少有关，但在高空气污染环境下，这种关联并不显著。在高空气污染环境下，空气污染对 HRV 的影响还会受到体力活动的影响。这表明，体力活动可以减轻空气污染对心脏副交感神经调节的负面影响，特别是在空气污染浓度较高的情况下。

此外，运动训练不仅能提高最大耗氧量（$V_{O_2\,max}$），还能显著降低心力衰竭患者的住院时间和死亡率，分别降低 28% 和 35%。Sinharay 等人[7]进行了一项随机交叉研究，将 60 岁及以上的缺血性心脏病或慢性阻塞性肺病（COPD）患者与健康的同龄志愿者进行比较。他们被随机分配到沿着伦敦牛津街或海德公园步行两小时的路线。环境监测结果显示，牛津街的黑炭、NO_2、PM_{10}、$PM_{2.5}$ 和超细颗粒物浓度明显高于海德公园。在所有参与者中，无论健康状况如何，

海德公园的散步明显改善了肺功能（通过测量 FEV1 和 FVC）、降低了脉搏波速度（PWV）和增强指数，这种效果持续到步行后的 26 小时。相比之下，在牛津街步行后，这些积极影响并不显著。对于患有 COPD 的参与者，步行后 FEV1 和 FVC 下降，小气道阻力（R5-20）增加，这与步行时的 NO_2、超微颗粒和 $PM_{2.5}$ 浓度升高有关。同时，PWV 的增加和增强指数的增加与 NO_2、超微颗粒浓度的升高有关。对于健康的志愿者，PWV 和增强指数与黑炭和超细颗粒浓度有关。研究结论是，短期暴露于与交通相关的空气污染环境中，无论是患有慢性阻塞性肺病、缺血性心脏病的患者还是健康的个体，都会削弱步行对心肺功能的短期积极影响（0~24 小时，具体时间取决于个人健康状况）。

在 Lovinsky-Desir 等[8]的一项研究中，他们深入调查了居住在纽约市布朗克斯区和曼哈顿北部的非裔美国与多米尼加儿童。研究囊括了患有哮喘的儿童（70名）与未患哮喘的儿童（59 名）。参与的孩子们连续 6 天佩戴手腕加速测量器，并根据他们每天进行中等强度体力活动（MVPA）的时间是否超过 60 分钟，被划分为"活跃"和"不活跃"两类。研究团队利用 MicroAeth 仪器，在两个 24 小时内，分别在体力活动的起始和结束时，测量了孩子们接触到的黑炭量，并同时测量了 FeNO。在排除了其他潜在影响因素后，研究结果显示，"活跃"的儿童的黑炭接触量比"不活跃"的儿童高出 25%，而 FeNO 则低 20%。对于那些生活在高黑炭环境中的儿童，体力活动与 FeNO 之间并没有明显的关联。然而，在低黑炭环境下生活的 96 名儿童中，体力活动与气道炎症之间存在显著的联系。研究结论是，城市环境中的儿童，尤其是每天都进行体力活动的儿童，他们接触到的黑炭量更多。这种接触量可能会削弱体力活动对气道炎症的积极作用。但对于哮喘患儿来说，体力活动与 FeNO 之间的相关性并不明显。

在 Lovinsky-Desir 等[9]的另一项研究中，他们对同一批参与者进行了更深入的探究，聚焦于运动强度、黑炭暴露程度，以及与运动强度相关的人脸颊细胞 DNA 生化指标。这项研究特别关注了脸颊细胞 DNA 启动子 FOX P3 甲基化的产物。研究发现，随着运动强度的增加，这种甲基化产物能够抑制呼吸道炎症反应。然而，在空气污染环境下，这一机制会被显著弱化。在考虑了其他控制变量后，研究者发现运动与 FOX P3 甲基化过程之间并没有明显的直接关联。但当对所有数据进行层次分析后，他们发现一个有趣的现象：在黑炭暴露程度较高的儿童中，脸颊细胞的 FOX P3 甲基化产物含量较低（这表明空气污染会削弱对呼吸道疾病的缓解生理过程）。而在黑炭暴露程度较低的组别中，并未观察到显著的变化。进一步地，在控制黑炭暴露浓度的条件下，研究者发现甲基化反应与肺活量（用一秒率来表征，即第一秒肺活量占整个肺活量的百分比）之间存在负相关。这些结论揭示了一个重要的观点：运动有可能为城市儿童带来免疫力的提升，特别是对于那些生活在空气污染较严重环境下的孩子们。这为城市儿童健康和运动提供了宝贵的科学依据。

Cole-Hunter 等人[6]深入研究了空气污染对健康成年人心肺系统的影响。该研究特别关注了环境空气污染对心肺健康的年度、日常和基于日常空间时间活动加权的影响，同时充分考虑了其他环境因素，如噪声和日常总体体力活动。这项研究在2011—2014 年间进行，对心肺指标进行了四次不同时间的测量。研究结果显示，日常粗颗粒物暴露量的增加与心脏自主调节功能的显著下降有直接关联。另外，年度臭氧和 PM_{10} 浓度的增加分别与舒张压的升高和肺功能的下降有显著关系。

一项为期三周的研究评估了空气污染对体力活动与肺部健康产生的益处的影响[10]。研究者采用了三周内的平均黑炭暴露程度和健康指标作为长期黑炭暴露和肺功能的替代指标。通过对被试者多个肺部健康相关指标的测量，研究结果显示，黑炭暴露程度对体力活动的积极效应具有负面影响。在空气中的黑炭含量小于每立方米 1 微克的情况下，肺部功能性指标随着每周增加运动强度（代谢当量 MET 每周增加 1 小时）而升高。然而，当空气污染较为严重时，这一积极效应明显减弱。这些研究结果表明，为了获得最大的健康益处，体力活动应在空气污染较轻的环境中进行。

（二）空气污染对体力活动健康效应的长期影响

有关空气污染对体力活动健康效应长期影响的研究最早发表于 2002 年。该研究以南加州地区的 3535 名未患哮喘的 9~16 岁儿童为研究对象，在五年间追踪了该实验群体哮喘的发病情况[11]。研究者要求儿童家长报告孩子在过去 12 个月参与体力活动的情况及从事体力项目的数量。研究群体被分为低空气污染暴露组与高空气污染暴露组。同时，该地区在四年内的多种空气污染指标的变化，如臭氧（O_3）、二氧化氮（NO_2）、细颗粒物（$PM_{2.5}$）和粗颗粒物（PM_{10}）也进行了测量。研究发现，在臭氧污染较高的地区，积极参与体力活动的儿童与哮喘发病情况之间存在相关性。然而，在臭氧污染较低的地区，这一联系并未被发现。此外，无论 PM 和 NO_2 的水平如何，体力活动参与程度与哮喘发病率的联系均没有明显差异。

Gao 等人[12]调查了空气污染对我国香港儿童呼吸道疾病的长期影响。调查涉及 2203 名 8~10 岁的学龄儿童，他们分别来自香港三个不同空气污染水平的地区。研究者使用了两种自行填写的问卷来收集儿童的呼吸道疾病信息和其他潜在的风险因素。经过深入研究，他们发现生活在高污染地区的儿童，尤其是女孩，夜间咳嗽和没有感冒时有痰的风险显著增加。此外，PM_{10} 被视为主要的污染物，与特定的呼吸道症状和疾病存在关联。对于男孩，PM_{10} 主要与哮喘症状和咳嗽有关；而对于女孩，它与咳嗽和痰有密切关系。这项研究强有力地证实了长期暴露于环境空气污染对儿童呼吸健康的负面影响。

三项针对丹麦饮食、癌症与健康的调查在 1993—1997 年开展，并招募了超过 50000 名受试者。在调查中，受试者主动报告了他们的体力活动情况。研究者采用了前瞻性队列研究的方法，旨在评估体力活动对健康的长期影响（13~18 年后）。具体来说，这些研究涵盖了死因分析[13]、哮喘及慢性肺部疾病风险的研究[14]以及心肌梗死风险的研究[15]。在第一项研究中，Andersen 等人[13]发现，尽管空气污染（以 NO_2 为代表）并不直接影响体力活动与心肺功能疾病和糖尿病死亡率之间的负相关关系，但它确实在某种程度上削弱了体力活动对呼吸系统的积极效应。特别是在空气质量较好的地区，那些参与自行车骑行和园艺活动的人群显示出较低的呼吸系统疾病死亡率。Fisher 等人[14]在 Anderson 等人的基础上，进一步研究了慢性呼吸道疾病（包括哮喘和慢性肺部疾病）与体力活动和空气污染之间的关系。他们发现，参与各类体力活动与哮喘和慢性肺部疾病的发病率呈负相关，而空气污染（NO_2）则与这些疾病的发病率呈正相关。重要的是，研究还发现体力活动和空气污染对慢性呼吸道疾病的发病是两种相对独立的机制，其间没有明显的联系或交互作用。最后，Kubesch 等人[15]利用同样的方法探究了空气污染是否会改变体力活动对降低心肌梗死发病的积极效应。他们发现，体力活动和园艺活动与心肌梗死的发病情况呈负相关，但心肌梗死的反复发作与骑行、步行以及园艺活动之间没有明确的联系。此外，研究者并没有找到空气污染会改变体力活动对降低心肌梗死发病的积极效应的明显证据。这三项研究均在空气污染较轻的城市地区（例如哥本哈根）进行。这些研究表明，即使存在轻度的空气污染，体力活动对健康的积极效应并不会被轻易消除。然而，这一结论并不能直接应用于空气污染较重的城市地区或强度更高的体力活动情况。

在欧洲的一项社区呼吸道健康调查中，Fuertes 等人[16]深入探究了闲暇时间从事体力活动对肺部功能的积极效应是否会受到空气污染的影响。这项研究专门针对 25~67 岁的群体展开。研究结果显示，无论在何种空气污染水平下，体力活动对肺部功能都具有显著的积极影响。这表明锻炼带来的益处远超过空气污染可能产生的负面影响，对肺部功能具有显著的正面作用。

（三）体力活动与空气污染的叠加效应

Zhang 等人[17]研究了不同强度的体力活动（不锻炼，低、中、高强度锻炼）与 $PM_{2.5}$ 长期暴露对白细胞数目（一种测量人体内炎症反应的指标）的影响。该队列研究在中国台湾共招募了 369067 名成年人，所有被试者在 2001—2014 年每年接受一次标准健康检查，同时该地区平均 $PM_{2.5}$ 为 $26.51\mu g/m^3$。研究结果显示，体力活动与白细胞数目之间存在剂量反应关系，即随着体力活动强度的增加，白细胞数目呈现出下降的趋势。值得注意的是，在所有强度的体力活动水平下，$PM_{2.5}$ 浓度与白细胞数目均呈正相关。这表明空气污染与人体炎症反应之间存在直接关联。这项研究进一步证实，体力活动和 $PM_{2.5}$ 对人体的炎症反应是两个独立的机制，它们之间没有明显的交互效应。

Sun 等人[18]研究了中国香港地区空气污染和体力活动对老年人心肺功能相关死亡率的复合影响。研究发现，参与体力活动的程度与心肺功能相关的死亡率之间存在负相关关系，即体力活动参与度越高，相关死亡率越低。同时，$PM_{2.5}$ 浓度与心血管疾病导致的死亡呈正相关，表明空气污染对心血管健康具有潜在风险。然而，值得注意的是，体力活动与 $PM_{2.5}$ 之间并未显现出交互效应。该研究还揭示了一个重要现象：尽管香港约有一半的人口居住在空气污染较为严重的地区，但体力活动对心肺功能的积极影响仍然显著，足以抵消空气污染可能带来的部分负面效应。这一发现强调了在污染环境中保持体力活动的重要性，以及采取措施改善空气质量的紧迫性。

有关长期健康影响的证据并不一致。尽管一些研究表明，就长期健康结果而言，空气污染与体力活动之间的相互作用并没有产生显著影响，如死亡率、哮喘、慢性阻塞性肺病（COPD）和心肌梗死（MI）的发生以及全身性炎症指标等。值得注意的是，所有这些研究都是在低暴露（如丹麦）或中等暴露（如中国台湾）情境下进行的。然而，其他研究指出，体力活动可能对预防空气污染导致的过早死亡和肺功能下降具有积极影响。这些研究都指向一个方向，即在城市地区进行体力活动的长期益处超过了因体力活动过程中过度暴露于空气污染所带来的风险。

然而，在严重空气污染地区针对儿童开展的两项研究显示，相对于低污染地区，户外锻炼可能会增加哮喘风险，并降低运动对心脏代谢适应的益处。这表明儿童在体力活动过程中更容易受到大气污染的负面影响，并且体力运动的益处与大气污染的不良影响之间的关系可能因大气污染程度而发生变化。

二、公共卫生模型研究

随着公共卫生模型研究的不断深入，对于交通相关运动和空气污染之间的风险－获益权衡已经开展了量化研究。大多数证据基于比较风险评估方法获得，以量化健康风险因素暴露引起的疾病负担变化。Mueller 等人[19]对主动交通出行模式的转变所带来的健康影响进行了综述，涵盖了 30 项研究。除了两项研究外，其余所有研究均对体力运动改变的健康影响进行了定量评估，而 17 项研究则对大气污染暴露的改变造成的健康影响进行了量化。所有研究均表明，体力运动带来的健康获益超过了空气污染造成的健康影响。随后，Sá 等人[20]在巴西圣保罗开展了一项研究，结果显示在某些主动交通情境下，空气污染带来的不良健康影响超出了体力运动带来的获益。这一结果表明，高收入国家的研究结果可能并不适用于中低收入国家（LMICs）。Tainio 等[2]采用比较风险评价方法，对年内 $PM_{2.5}$ 浓度在 $5\sim200\mu g/m^3$ 范围内变化的区域中步行和骑行带来的风险－获益权衡进行了分析。该研究针对世界各地 6 个污染较严重的城市展开，其结果以计算出的"临界点"和"平衡点"呈现。在临界点之后，主动交通活动的增加将不再继续带来健康获益，持续增加的主动交通活动可能指向"平衡点"，此时空气污染的风险开始超出体力活动的获益。研究发现，对于大部分所研究的 $PM_{2.5}$ 浓度而言，体力活动（如增加步行或骑行）带来的获益均超出暴露于空气污染带来的负面健康影响。

公共卫生模型研究显示，在高收入国家，转变交通方式，如步行、骑行和公共交通出行，由于体力活动带来的健康益处通常超过了大气污染带来的风险。大部分建模研究主要关注 $PM_{2.5}$ 的影响，而较少考虑其他污染物如 NO_2 和 O_3 的影响。然而，体力活动与大气污染之间存在多种生理和行为机制的联系，这些联系对公共卫生具有重要意义，尤其是在空气污染严重的地区。在这些地区，由于体力活动的总量通常较高，因此了解这些关系对于制定有效的公共卫生策略至关重要。因此，进一步的研究应更全面地考虑多种污染物的影响，以及它们与体力活动之间的相互作用，以更好地评估和降低对公众健康的潜在风险。

第三节　健康城市规划与积极交通策略的融合

在"健康中国"战略和"双碳"目标的背景下,积极出行在降低交通系统碳排放、改善居民身心健康等方面扮演着重要角色。现代城市规划不仅需要关注城市形态和建筑结构,更要满足居民的生活方式和健康需求。在本节中,我们将深入探讨如何将积极交通策略融入健康城市规划的每一个环节。通过国际案例和最佳实践的解析,我们将为城市规划者、政策制定者和社区领袖提供切实可行的指导方针,使积极交通成为城市规划的核心要素。健康城市规划与积极交通策略的有机结合将对城市居民的健康产生多方面的积极影响,为构建一个健康、宜居的城市环境打下坚实基础。

一、国际经验

（一）温哥华：可持续城市发展的典范

温哥华,这座坐落在加拿大西海岸的璀璨明珠,一直以来都是可持续城市发展的领导者。为了应对城市交通拥堵、环境污染和有限的城市空间等挑战,温哥华采取了一系列具有前瞻性的城市规划和积极的交通策略。

首先,温哥华大力投资于公共交通系统的发展,构建了包括地铁、轻轨和公交车在内的多元化交通网络。天车（SkyTrain）系统以其高效、便捷的运输能力,将市区与周边地区紧密地连接在一起,极大地提高了城市内部及周边地区的交通便捷性。这一举措不仅显著减少了私人汽车的使用,从而降低了交通拥堵,还对空气质量的改善起到了积极的推动作用。

其次,温哥华在城市规划中高度重视步行和自行车道的建设。宽敞的步行道网络贯穿整个市区,连接着各类公共设施和自然景点,使得市民能够便捷地出行。自行车道网络覆盖城市的各个角落,为市民提供了一种环保、健康的出行方式。同时,市政府积极建设自行车停车设施,为骑行者提供了便利的停车条件。

此外，温哥华还致力于提高城市的绿化覆盖率，并为市民提供丰富的户外活动空间。大型公园、滨水区域和自然保护区等公共空间为市民提供了亲近自然的机会，使他们在忙碌的生活中得以放松身心。这些绿化和户外活动场所不仅有益于居民的身心健康，还提升了整个城市的生活品质。

最后，温哥华积极推动可持续建筑和绿色发展。通过实施严格的建筑规范和激励措施，该市鼓励低碳、高效的建筑设计及施工。这一举措有效地减少了能源消耗，进一步改善了城市的空气质量，并为城市的长期可持续发展奠定了坚实基础。

温哥华通过综合的城市规划和积极的交通策略，取得了显著的成果，成为可持续城市发展的成功案例。这为其他城市提供了有益的经验和启示，引领了全球城市可持续发展的方向。通过发展公共交通系统和鼓励步行、自行车出行，温哥华成功减轻了城市交通拥堵问题。市民更倾向于使用便捷的公共交通，减少了私人汽车的数量，提高了整体交通效率。此外，通过减少汽车使用和推广环保出行方式，温哥华的空气质量得到显著改善，进而降低了呼吸系统疾病的发病率，提高市民的健康水平。温哥华的城市规划使得市民能够更好地融入自然和户外活动。丰富的绿化和户外空间，以及完善的步行和自行车道网络，提升了市民的生活质量，促使他们更加注重身体健康。

（二）阿姆斯特丹：步行友好城市的范例

荷兰的首都阿姆斯特丹，以其别具一格的城市规划和深厚的步行友好文化而独领风骚。在城市的心脏地带，阿姆斯特丹精心规划出众多的步行区和步行街道，将中心区域打造成行人的专属乐园。这些安全、舒适的步行空间不仅为市民提供了漫步的绝佳场所，更通过布局雅致的咖啡馆、精品商店等设施，营造出一种温馨、惬意的步行氛围。

作为自行车之都，阿姆斯特丹的自行车文化深入骨髓。城市规划者们在城市中铺设了纵横交错的自行车道，为骑行者提供了安全、便捷的通道。这种对自行车极度友好的态度，加上便捷的自行车停车设施，使得市民们更加倾向于选择这种环保、健康的出行方式。

为了缓解城市交通压力，阿姆斯特丹还实施了一系列有效的交通限制措施。通过限制汽车通行、提高停车费用等手段，成功引导市民转向更环保的出行方式。同时，城市规划中不失绿意，众多的公园、绿化区域和休息区如同城市的肺叶，为市民提供了宝贵的休闲和放松空间。

阿姆斯特丹的河道和桥梁也是城市规划中的一大亮点。这些历史悠久的河道被巧妙地融入现代城市规划中，通过设计各具特色的桥梁，不仅实现了河道的畅通无阻，更为市民和游客提供了欣赏城市美景的绝佳视角。

阿姆斯特丹通过鼓励步行和骑行，限制汽车通行，并进行创新的城市规划，成功地打造了步行友好城市，为城市的可持续发展作出了卓越的贡献。阿姆斯特丹的步行和自行车文化深入人心，市民更倾向于选择这些环保的出行方式。这不仅减轻了交通压力，还改善了空气质量，提升了市民的身体健康水平。通过将城市中心划分为步行区，提高了市区的宜居性。市中心变得更加宁静、绿色，促进了城市环境的改善，也吸引了更多市民和游客前来。阿姆斯特丹成功减少了汽车的使用，转而采用更为环保的交通方式。这对于减缓气候变化、改善空气质量和降低城市噪声水平都产生了积极的影响。

（三）新加坡：综合交通规划与城市可持续发展

新加坡是一个高度城市化的城市，面临着城市拥堵、环境污染和土地有限等挑战。然而，新加坡通过实施一系列综合的交通规划和城市发展策略，成功地构建了一个高效、可持续的城市交通系统。

新加坡拥有一套世界领先的公共交通系统，包括地铁、巴士和轻轨。这些交通工具紧密衔接，为市民提供便捷的出行选择，从而减少了私人汽车的需求。智能交通管理系统确保了公共交通的流畅性和准时性，提高了整体交通效率。

为了优化交通管理，新加坡致力于发展智能交通管理系统。通过运用先进的科技手段，如智能交通灯、实时交通信息系统和电子支付系统，实现对交通流的实时监控和调度。这不仅提高了交通系统的整体效率，还有助于缓解交通拥堵问题。

在城市规划方面，新加坡注重步行友好设计，致力于创造一个宜居的环境。大量的步行道和人行天桥连接主要商业区和居住区，方便市民出行。这种设计不仅提高了城市的宜居性，还鼓励市民采用步行作为主要的出行方式，从而减少了对私人汽车的依赖。

新加坡还注重绿化和生态城市规划，通过建设绿道、公园和水系，为市民提供丰富的休闲娱乐场所。这些绿化项目不仅美化了城市环境，还有助于提高市民的生活质量。

此外，新加坡采用高科技手段进行城市管理，包括智慧停车系统、智能垃圾处理等。这些技术的运用提高了城市服务的效率，同时降低了环境负担。

新加坡通过综合的交通规划和科技创新，成功打造了一个高效、可持续的城市交通系统，为城市的可持续发展树立了榜样。这为其他城市提供了有益的经验，特别是在应对城市化挑战和提高居民生活质量方面。通过发展高效的公共交通系统和智能交通管理系统，新加坡成功缓解了城市交通拥堵问题。市民更倾向于使用公共交通工具，降低了私人汽车的使用频率。新加坡的交通规划和城市设计有助于减少尾气排放，改善了空气质量。这对于居民的健康和城市的环境可持续性都产生了积极影响。通过生态城市规划和绿道建设，新加坡提升了城市的可持续性。城市管理中的高科技手段也为城市的长期可持续发展提供了有效支持。

（四）悉尼：可持续城市发展与多元化交通策略

悉尼，作为澳大利亚最大的城市之一，正面临着城市化、交通拥堵和环境保护等多重挑战。为了构建一个更加可持续性的城市，悉尼采取了一系列多元化的交通策略和城市规划措施。

首先，悉尼大力发展现代化的城市轨道交通系统，包括地铁、轻轨和列车等交通工具。这些交通工具紧密连接城市的各个区域，为市民提供高效、便捷的公共交通服务，从而减少了对私人汽车的依赖。这不仅有助于缓解交通拥堵问题，还有助于改善空气质量，降低碳排放。

其次，悉尼充分利用其天然的港湾环境，发展水上交通。渡轮服务和水上巴士为市民提供了一种独特的交通选择，有效缓解了陆地上的交通压力。这不仅是一种高效的交通方式，还为市民带来了愉悦的出行体验。

此外，悉尼注重规划自行车道和步行系统，以鼓励市民选择更为环保的出行方式。自行车道网络在城市中心和沿海地区不断扩展，为骑行者提供了安全的通道。同时，步道建设也得到了重视，方便市民步行出行，减少了对机动车的依赖。

最后，悉尼注重城市绿化和公园的规划。通过种植树木、花卉和植被，以及建设城市公园和绿地，悉尼改善了城市的生态环境。这些绿化项目不仅美化了城市景观，还为市民提供了户外活动和休闲的空间，有助于促进健康的生活方式。

悉尼通过采取多元化的交通策略和城市规划，成功提升了城市的可持续性，为市民提供了更多选择，使得城市更宜居、交通更便捷，同时为其他城市提供了可借鉴的经验。多元化的交通策略使得悉尼的交通流畅度得到提升。高效的公共交通系统、水上交通和步行自行车系统的互补作用，减轻了城市交通拥堵的问题。

通过减少汽车使用、推动环保交通方式，悉尼成功改善了空气质量，减少了尾气排放对环境的影响，提高了市民的生活质量。悉尼通过城市规划和建设绿化空间、步行道、自行车道，提高了城市的宜居性。市民在这样的环境中更倾向于采用健康的出行方式，形成了更健康的生活习惯。

二、健康城市规划与积极交通策略的融合框架

健康城市规划与积极交通策略的融合，对于推动城市可持续发展和提高居民生活质量具有至关重要的意义。通过精心规划城市环境，提供多样化的可持续交通方式，我们能够打造一个更加宜居、健康的城市生活空间。这种融合策略不仅有助于解决城市所面临的交通和环境挑战，同时也为居民提供了更加多元、便捷和环保的出行选择，进而促进居民身体健康，增强社交互动，共同缔造一个和谐、宜居的城市环境。

为实现这一目标，健康城市建设需要综合施策，将城市规划与积极交通策略紧密融合。具体而言，包括以下几个方面（图5-3-1）：

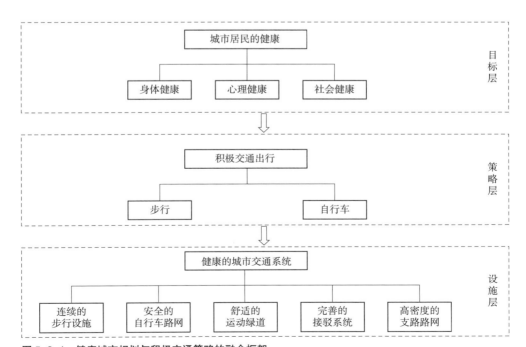

图5-3-1　健康城市规划与积极交通策略的融合框架
来源：作者自绘

（1）高密度的支路路网规划。这是构建积极交通系统的基石，通过科学布局道路网络，减少交通拥堵节点，提高道路通行效率，从而有效降低城市交通压力。在高密度城市环境中，运用智能交通系统技术优化信号灯控制，可实现道路资源的高效利用。

（2）连续的步行设施。步行作为最基本的交通方式，对于提升居民健康水平具有不可替代的作用。因此，在城市规划中应确保步行道的连续性和舒适性，配置充足的休息设施和绿化景观，鼓励居民更多选择步行出行。

（3）安全的自行车路网。自行车作为一种零排放的交通工具，对于推动城市健康发展具有积极意义。通过合理规划自行车道，提供安全、便捷的骑行环境，可以吸引更多市民选择自行车作为出行方式。同时，自行车道规划还需考虑与其他交通方式的顺畅衔接，形成便捷、高效的交通网络。

（4）舒适的运动绿道。绿道作为城市中的绿色通道，兼具交通和休闲功能。通过合理规划绿道系统，不仅能够改善城市生态环境，还能为居民提供丰富的休闲活动空间。在绿道规划中，应注重生态保护和景观营造，提升绿道的综合效益。

（5）完善的接驳系统。构建高效、便捷的交通接驳系统是实现积极交通策略的关键环节。通过规划多元化的交通接驳方式，提高不同交通方式之间的换乘效率，可以促进城市交通的高效运行。同时，建立智能交通信息管理系统，有助于优化交通流程，提升交通系统整体性能。

将健康城市规划与积极交通策略相融合，还需注重人性化设计和环境营造。例如，在城市规划中充分考虑步行和骑行的需求，打造安全、舒适、美观的积极出行环境。此外，还需通过非环境手段如宣传教育、培训活动等营造良好的积极出行社会氛围，鼓励更多居民主动选择积极、健康的交通方式。这些举措的共同作用，将推动城市向更加绿色、低碳、健康的方向发展。

第四节　城市环境、自行车出行与心理健康：实证研究

过去二十年，越来越多的研究成果揭示了骑行行为与社会经济、环境以及健康效益之间的复杂联系。这些研究指出，骑行是一种介于中等至剧烈强度的身体运动形式，有助于减少缺乏身体活动形成的肥胖和多种慢性疾病。虽然关于骑行与身体健康的益处已经形成了广泛共识，但关于其与心理健康的联系却鲜有深入探讨，且相关证据多为间接性质。众多骑行项目宣称骑行能够改善情绪、预防抑郁症状、提升认知能力等，但这些主张往往是基于一般身体活动对精神健康的益处而非特指骑行活动。专门研究骑行对心理健康益处的文献相对匮乏，尤其是在功利性或交通相关的骑行领域。尽管功利主义自行车运动对身体健康的益处已得到充分证实，但关于其对心理健康益处的实证研究仍显不足。本研究案例旨在探究功利主义骑自行车行为与心理健康间的潜在联系，并考察建成环境在促进功利主义骑行及改善心理健康方面所发挥的作用（图5-4-1）。

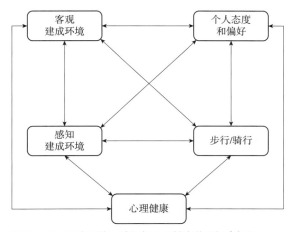

图 5-4-1　建成环境、骑行与心理健康关系概念框架
来源：作者自绘

一、数据与变量

（一）数据描述

本研究依托于 2014 年维多利亚人口健康调查（VPHS）所收集的数据。这项调查是通过维多利亚健康信息局的计算机辅助电话采访系统实施的，旨在获取 18 岁及以上维多利亚州居民的代表性样本数据。最终，调查样本涵盖了 30105 名受访者，这些受访者分布在维多利亚州的 79 个地方政府区域内的 1833 个街区，这些街区在澳大利亚通常被称作"州郊区"。州郊区是有着明确界限的地理分区，而地方政府区则既是地理分区也是行政区划。尽管这些区域并非澳大利亚统计局的正式统计单位，但通过整合较小的人口普查区数据，我们能够获取关于州郊区及地方政府区域的人口普查信息。调查的总体响应率为 69.6%。所收集的数据内容包括个人健康情况、与健康相关的旅行行为和身体活动、饮食习惯、病史、社会资本、社会人口学特征，以及受访者家庭所在地的相关信息（表 5-4-1）。

变量描述（N=30,105） 表 5-4-1

	编码/单位	均值	方差	数据来源
结果变量				
生活满意度	1=非常不满意，2=不满意，3=满意，4=非常满意	3.33	0.03	
心理压力	0~100 因子得分	12.26	14.62	
骑行日（至少骑行 10 分钟）	天	0.14	0.74	
步行日（至少步行 10 分钟）	天	1.27	2.09	维多利亚人口健康调查 2014
解释变量				
骑行道密度	公里/平方公里	0.55	0.83	
人口密度	人/平方公里	1058.88	1612.22	
熵指数	%	35	23	
商业用地占比	%	2	6	
连接节点比例	%	75	8	
公交站密度	站点个数/平方公里	4.57	6.30	
火车站点密度	站点个数/平方公里	0.07	0.19	

续表

	编码/单位	均值	方差	数据来源
感知可达性	1=非常差，2=差，3=一般，4=好，5=非常好	4.21	0.90	维多利亚人口健康调查2014
平均坡度	度	5.36	5.96	
年龄	岁	59.83	15.71	
女性	0=否，1=是	0.61	0.49	
受教育程度	1=从未上过学；2=完成部分小学学业；3=完成小学教育；4=完成部分高中学业；5=完成高中学业；6=职业教育，但未完成12年中学教育；7=职业教育，亦已完成12年级中学教育；8=大学或其他大专院校	5.98	1.68	
婚姻状态	0=未婚，1=已婚	0.66	0.48	
就业状态	0=不在职，1=在职	0.46	0.50	
房屋所有权状态	0=否，1=是	0.88	0.32	
在家使用语言	0=其他语言，1=英语	0.89	0.31	
在社区居住时长	年	3.51	0.82	
每周休闲体育活动频率	次/周	1.36	2.73	
糖尿病	0=否，1=是	0.11	0.32	
心脏病	0=否，1=是	0.13	0.34	
骨质疏松症	0=否，1=是	0.11	0.31	
癌症	0=否，1=是	0.13	0.34	

来源：作者自绘

（二）结果变量

本研究选择了与心理健康紧密相关的两个因变量来进行分析，即心理压力和生活满意度，这两个变量反映了心理健康的不同但互补的维度。在维多利亚人口健康调查中，心理压力是通过凯斯勒心理压力量表（K10量表）来评估的。在构建的结构方程模型中，心理压力被视为一个潜在变量，通过K10量表的8个项目进行测量。在回归模型中，为了减少单个测量的维度和测量误差，研究中利用基于K10量表的8个项目进行的主成分分析的重标因子分数来衡量心理压力。另一方面，生活满意度是通过要求受访者对他们的总体生活满意度进行评分来测量的，采用的是1（非常不满意）到4（非常满意）的4分制评分方式。

根据概念框架，功利性骑自行车和步行行为被认为对心理健康有直接影响，并且在建成环境与心理健康关系中扮演中介角色。在 2014 年的 VPHS 调查中，参与者被询问在过去一周内有多少天进行了超过 10 分钟的功利性骑自行车或步行活动，以此来衡量主动出行的频率。结果显示，大多数受访者报告较低的心理压力和较高的生活满意度。只有 5% 的受访者报告说，在过去一周内至少有一天进行了超过 10 分钟的骑自行车活动，平均每周骑行 2.8 天。相比之下，约 36% 的受访者报告说，至少有一天进行了超过 10 分钟的步行活动，平均每周步行 3.5 天。

（三）解释变量

在该研究的概念框架下，客观和感知的建成环境通过功利主义的骑自行车和步行行为直接或间接地影响心理健康。研究中涉及的每个参与者所在社区的建成环境特征都经过了详细测量。这些客观建成环境变量的数据来源于维多利亚开放数据平台的空间数据。包括的指标有自行车道密度（包含街道和非街道自行车道）、人口密度、土地利用组合的熵指数、商业用地百分比、街道连通性的连接节点比率、公交车站密度、火车站密度以及平均坡度。这些指标为评估社区的物理布局和可达性提供了全面的视角。除了客观测量，维多利亚人口健康调查（VPHS）还包含了对社区可达性的主观评估。调查中，受访者根据 1（非常差）到 5（非常好）的等级，对他们社区内设施和服务（如商店、儿童保育、学校和图书馆）的可达性进行评价。这种主观评价反映了个人对其所在建成环境的感知和满意度。通过结合客观数据和个人感知，研究能够更加全面地探究建成环境与心理健康之间的关联。

此外，研究还考虑了影响功利骑行和步行行为以及心理健康的各种个人因素，包括年龄、性别、婚姻状况、教育水平、就业状况、语言和财产所有权等。基于先前的研究，年龄平方也被引入以评估年龄与心理压力及生活满意度之间的非线性关系。收入并未作为解释变量包含在模型中，主要是由于其数据的缺失值较多。然而，模型中包括了就业状况和财产所有权，这两个因素与家庭收入密切相关。

除了这些社会人口统计变量，研究还考虑了休闲时间身体活动的频率。身体活动水平是评估个人身体健康的重要指标，它可能影响积极的出行行为和心理健康。作为身体活动水平的替代指标，研究在回归模型中还纳入了衡量实际身体健康状况的变量，例如受访者是否患有糖尿病、心脏病、骨质疏松症或癌症，以此来检验模型结果的稳定性。

最后，虽然出行态度和偏好在建成环境、骑自行车行为和心理健康之间的关联中被认为是重要因素，但由于2014年VPHS调查中未包含相关问题，因此这些因素没有被纳入到数据分析中。这表明研究在数据收集和分析方面存在一定局限，未能全面覆盖概念框架中所有潜在的影响因素。

（四）建模方法

研究中应用了结构方程模型（SEM）来探究社会人口特征、建成环境、步行和骑自行车行为与心理健康之间的关系。SEM的使用使得可以同时考察建成环境对心理健康的直接影响及其通过影响功利性步行和骑自行车行为的间接影响。

基于图5-4-1所示概念框架的简化模型进行SEM回归（图5-4-2）。如前文所述，出行态度并未包括在模型估算中。此外，客观和感知的建成环境之间的具体因果关系在本研究中未作详细阐述。重点放在了客观和感知的建成环境对功利性自行车骑行和步行行为以及心理健康的独立影响上。

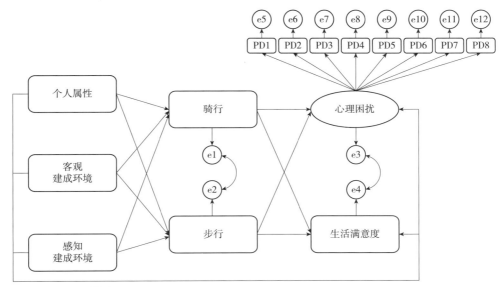

图5-4-2　SEM模型
注：图中，e1~e12为误差项；PD1~PD8为心理困扰的八个指标；心理困扰是一个潜变量；所有其他变量均为直接测量变量。
来源：作者自绘

除 SEM 之外，研究还使用了回归模型（包括普通最小二乘法、固定效应和随机效应模型）来检验步行和骑自行车行为与心理健康之间的关联，以进一步解释数据的层次结构。值得注意的是，回归模型的结果与 SEM 的结果高度一致。为了深入探讨功利性自行车运动与心理健康之间的相关性，还应用了包含交互项的回归模型，以检查这种关联在不同性别和年龄群体间是否存在差异。

二、模型结果分析

（一）基本结果

研究结果显示，在控制社会人口统计和邻里建成环境特征之后，骑自行车作为交通方式的频率增加与较低的心理压力显著相关。与骑自行车相比，步行作为交通工具对心理压力的减少效果较小。此外，更频繁的骑自行车和步行与更高的生活满意度相关，其中骑自行车的影响强于步行（表5-4-2）。

除了结构方程模型外，研究还估计了回归模型以检验骑自行车行为与心理健康之间的关系，以及这些关系随性别和年龄的变化情况。在保持其他所有变量不变的情况下，每增加10天骑自行车和步行至少10分钟，心理压力分别降低大约2.2分和1.3分（分值范围从0到100）。同样，在其他所有变量保持不变的情况下，每增加1天骑自行车和步行至少10分钟，对生活满意度的正面影响分别增加约9%和5%。

通过敏感性分析检验了这些系数的稳定性，包括在模型中考虑或不考虑体力活动水平和身体健康状况。结果表明，无论是在心理压力模型还是生活满意度模型中，骑自行车和步行的系数都是稳定的。

特别值得注意的是，女性骑自行车的频率与心理困扰的负相关性比男性更强，在女性中这种相关性具有统计学意义。性别与骑行天数的交互项分析证实了这种性别差异在统计上显著（10%水平，$p = 0.076$）。另外，在不同年龄组中，骑自行车与心理困扰的关联也有所差异，特别是在65岁及以上的年龄组中，这种关联最为显著（10%水平，$p = 0.065$）。

此外，研究还考察了性别和年龄对功利骑行运动和生活满意度之间关系的潜在调节作用。结果显示，无论男女，骑自行车的频率都与生活满意度显著正相关，但在女性中这种相关性更为显著（10%水平，$p = 0.090$）。而在不同年龄组中，18~34岁人群的骑自行车与生活满意度之间的关系更为紧密（10%水平，$p = 0.071$）。

结构方程模型结果　　　　　　　　　表 5-4-2

	骑行日	步行日	心理压力		生活满意度	
	直接影响	直接影响	直接影响	间接影响	直接影响	间接影响
骑行日（至少骑行 10 分钟）			−0.009**		0.025***	
步行日（至少步行 10 分钟）			−0.005***		0.014***	
骑行道密度	0.033***	0.181***	0.002	−0.001***	−0.004	0.003
商业用地占比	0.183**	1.714***	0.005	−0.010***	−0.002	0.028***
连接节点比例	0.183***	1.055***	0.001	−0.007***	−0.078	0.019***
火车站点密度	0.122***	0.491***	0.009	−0.003***	0.000	0.10***
感知可达性	0.007	0.051***	−0.074***	−0.0003***	0.102***	0.001***
平均坡度	−0.002***	−0.002	−0.0001	0.0001**	0.002***	−0.0001
年龄	−0.003***	−0.008***	0.007***	0.0001***	−0.011***	−0.0002***
年龄平方			−0.0001***		0.0001***	
女性	−0.144***	−0.169***	0.027***	0.002***	0.060***	−0.006***
受教育程度	0.014***	0.083***	−0.021***	−0.001***	0.024***	0.002***
婚姻状态	0.002	−0.217***	−0.119***	0.001***	0.184***	−0.003***
就业状态	0.016	−0.162***	−0.167***	0.001***	0.084***	−0.002***
房屋所有权状态	−0.005	−0.148***	−0.125***	0.001***	−0.003	−0.002***
在家使用语言	0.046***	−0.012	−0.115***	−0.0004	0.010***	0.001
在社区居住时长	0.019***	0.001	−0.003	−0.0002		0.001*
每周休闲体育活动频率	0.008***	0.024***	−0.005***	−0.0002***		0.001***

注：* 表示 $p<0.1$；** 表示 $p<0.05$；*** 表示 $p<0.01$。

（二）建成环境与功利骑行和步行之间的联系

研究总体上揭示了功利骑行频率与建成环境变量之间的预期相关性。特别是自行车道密度与骑自行车频率呈正相关，这一发现凸显了专用基础设施在促进交通骑行方面的重要性。研究中所测量的自行车道包括路内和路外自行车道。

一方面，以连接节点比率作为衡量标准的街道连通性也显示出与骑自行车频率的正相关性。此外，两个测量可达性的建成环境变量，即商业用地百分比和火车站密度，均与骑自行车频率呈正相关。然而，与骑自行车频率的关联中，感知可达性并没有显示出显著的相关性。

另一方面，根据街区内的平均坡度测量的地形，研究结果显示山地与骑自行车频率呈负相关。这表明地形的坡度可能是限制骑行活动的一个因素。作为对比，研究还发现，在支持功利步行和功利骑自行车的建成环境特征方面存在高度一致性。这一点强调了在规划和改善支持主动出行方式的城市环境时，需要考虑的共通属性和策略。总体而言，这些发现为理解并优化建成环境以鼓励健康、可持续的出行模式提供了重要的见解。

（三）建成环境和精神健康之间的联系

模型的结果表明，在考虑了个人因素以及步行和骑自行车的行为之后，大多数建成环境变量与两个心理健康指标——心理压力和生活满意度之间并没有直接的显著联系。唯一的例外是感知的可及性，它与心理健康指标呈现直接和间接的相关性。然而，所有建成环境变量都通过影响步行和骑自行车行为，间接地与心理压力和生活满意度相关联。具体来说，那些居住在自行车道密度较高、街道连通性较好、商业用地比例较高、火车站数量较多的社区的居民，通常报告较低的心理压力水平和较高的生活满意度。最后，社区的地形特征，特别是多山性，与心理压力呈正相关，与生活满意度呈负相关，虽然这些关联并不显著。这表明山地可能对居民的心理健康产生一定的负面影响，尽管这种影响并不强烈。综上所述，这些发现强调了建成环境对居民心理健康的间接影响，特别是通过影响其日常活动模式，如步行和骑自行车。这为城市规划和政策制定提供了重要的见解，即通过改善建成环境来促进居民的心理健康。

三、讨论

研究的主要发现总结在图 5-4-3 中。总体而言，功利骑行行为与心理健康之间存在统计学上的显著关联。具体来说，研究发现以自行车代步出行与心理压力减轻以及生活满意度提高有关。这些发现与研究构建的概念框架相吻合，并突出了推广自行车作为出行方式对潜在的心理健康益处，但需要通过纵向研究进一步确认因果关系。

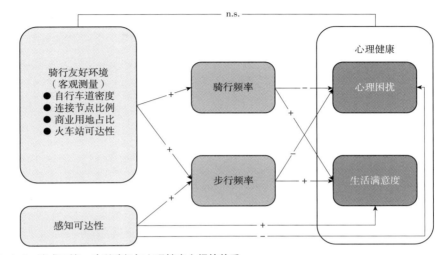

图 5-4-3 建成环境、功利骑行与心理健康之间的关系
注：+ 表示统计学上显著的正向关联；- 表示统计学上显著的负向关联；n.s. 表示非显著关联。
来源：作者根据研究结果自绘

研究也发现功利骑行与心理健康的关联程度大于功利步行与心理健康的关联，这可能是因为骑行在生理上更为剧烈，从而可能带来更多的心理健康益处。此外，研究发现在女性和老年人群中，功利骑行与较低心理压力之间的关系更为明显，这可能意味着功利骑行在这部分人群中影响更大。

研究结果与考察主动出行对身体健康益处的研究一致。例如，Shephard[21] 发现，相比于男性和年轻成人，自行车骑行对心血管健康的益处更易在女性和老年人群中被观察到。

研究还发现了功利骑行与生活满意度之间的正向关联，这种关联因性别和年龄的不同而有所变化。在本案例中，这种关系在女性和年轻年龄段中更为稳健。性别变量在心理压力模型和生活满意度模型中均表现出调节效应，而年龄变量则不同。观察到女性的关联性更强，可能表明她们在提高生活满意度方面从交通骑行中获得的益处更多。然而，这种性别差异也可能归因于女性和男性之间的心理状态差异。先前关于性别与生活满意度关系的研究结论不一，但通常女性在积极构念上得分更高，在消极构念上得分更低。一种理论认为，允许女性更情绪化的社会规范导致她们在积极和消极心理测量上自我报告的得分都更高。

年龄在心理压力模型和生活满意度模型中的调节效应有所不同。在本研究的结果中，功利骑行对心理压力产生的积极效果在老年人群中更强，而在生活满意度方面则在年轻成人中更强。如前一部分所述,有两种假设可以解释骑行对生活满意度的影响:一是通过身心健康益处;二是通过日常骑行的活力恢复作用。对于老年人而言,定期骑行可以提升他们的健康和体能,从而提升整体生活满意度。然而,这一假设可能不适用于通常身体状况较好的年轻成人。因此,年轻成人群体中功利骑行与生活满意度之间更强的关联性可能表明,这种改善主要是通过缓解疲劳和压力来实现的。

虽然本研究的概念模型提出了功利骑行影响心理健康的路径,但反向因果关系也是可能的。心理健康状况更好的人可能更倾向于选择自行车作为交通工具。特别是心理压力水平较低的女性和老年人更有可能骑行。这可能表明,相较于男性和年轻成人,女性和老年人选择自行车代步的决定在更大程度上依赖于其心理健康状况。所有群体中功利骑行与生活满意度之间显著的关联性可能表明,无论性别和年龄如何,幸福感较高的人更有可能选择自行车作为出行工具。

四、政策启示

这项研究为城市规划实践提供了多方面的启示。首先,城市规划一直致力于推广自行车作为交通工具,而这项研究为这类规划努力带来的公共健康效益提供了新的证据。研究显示,功利主义骑自行车与心理压力成反比,与生活满意度成正比。当前,心理疾病的普遍性和改善心理健康的公共政策目标凸显了促进积极生活方式的重要性,特别是增加积极出行的比例。这项研究为支持这些政策提供了证据基础。

其次,研究发现骑自行车对女性心理健康的益处更为显著。这凸显了鼓励更多女性参与骑自行车运动的重要性,既为了性别平等,也为了提高整体心理健康水平。这意味着,为了吸引更多女性骑自行车,规划努力应当不仅关注安全性,还要提高骑自行车的愉悦体验。例如,通过创造适合社交互动的自行车环境和提供接触自然风光及高质量城市环境的机会。

此外,研究结果也表明,对于老年人来说,功利骑行可能是减轻心理压力、提高整体福祉的有效手段。考虑到老年人的自行车运动参与率较低,城市规划者应更多地考虑他们的特殊需求,并将他们纳入自行车规划的决策过程中。类似于针对女性的策略,为老年人创造更有趣、更愉悦的骑行体验也可能是一个有效的策略。

最后，这项研究为支持自行车交通的建成环境特征提供了坚实的证据。这包括专用的自行车基础设施、连通的街道网络、混合土地使用以及围绕公交车站的自行车友好型设计。这些发现可以帮助规划者创造更适合自行车出行的社区，促进居民的心理健康和整体福祉。

综上所述，这项研究为创建幸福、健康的社区提供了宝贵的见解，强调了自行车友好型建成环境在促进居民心理健康方面的潜在作用，这不仅限于提供开放和绿色空间，还包括促进骑自行车和步行作为交通工具的使用。

本章参考文献

[1] LEWIS T C, ROBINS T G, MENTZ G B, et al. Air pollution and respiratory symptoms among children with asthma: Vulnerability by corticosteroid use and residence area [J]. Science of The Total Environment, 2013, 448: 48-55.

[2] TAINIO M, DE NAZELLE A J, GöTSCHI T, et al. Can air pollution negate the health benefits of cycling and walking? [J]. Preventive Medicine, 2016, 87: 233-236.

[3] MATTHEWS C E, JURJ A L, SHU X, et al. Influence of exercise, walking, cycling, and overall nonexercise physical activity on mortality in Chinese women [J]. American Journal of Epidemiology, 2007, 165 (12): 1343-1350.

[4] KOFFEL E, KHAWAJA I S, GERMAIN A. Sleep disturbances in posttraumatic stress disorder: Updated review and implications for treatment [J]. Psychiatric Annals, 2016, 46 (3): 173-176.

[5] TAINIO M, ANDERSEN Z J, NIEUWENHUIJSEN M J, et al. Air pollution, physical activity and health: A mapping review of the evidence [J]. Environment International, 2021, 147: 105954.

[6] COLE-HUNTER T, DE NAZELLE A, DONAIRE-GONZALEZ D, et al. Estimated effects of air pollution and space-time-activity on cardiopulmonary outcomes in healthy adults: A repeated measures study [J]. Environment International, 2018, 111: 247-259.

[7] SINHARAY R, GONG J, BARRATT B, et al. Respiratory and cardiovascular responses to walking down a traffic-polluted road compared with walking in a traffic-free area in participants aged 60 years and older with chronic lung or heart disease and age-matched healthy controls: a randomised, crossover study [J]. The Lancet, 2018, 391 (10118): 339-349.

[8] LOVINSKY-DESIR S, JUNG K H, RUNDLE A G, et al. Physical activity, black carbon exposure and airway inflammation in an urban adolescent cohort [J]. Environmental Research, 2016, 151: 756-762.

[9] LOVINSKY-DESIR S, JUNG K H, JEZIORO J R, et al. Physical activity, black carbon exposure, and DNA methylation in the FOXP3 promoter [J]. Clin Epigenetics, 2017, 9: 65.

[10] LAEREMANS M, DONS E V I, AVILA-PALENCIA I, et al. Black carbon reduces the beneficial effect of physical activity on lung function [J]. Medicine & Science in Sports & Exercise, 2018, 50 (9): 1875-1881.

[11] MCCONNELL R, BERHANE K, GILLILAND F, et al. Asthma in exercising children exposed to ozone: A cohort study [J]. The Lancet, 2002, 359 (9304): 386-391.

[12] GAO Y, CHAN E Y Y, LI L, et al. Chronic effects of ambient air pollution on respiratory morbidities among Chinese children: A cross-sectional study in Hong Kong [J]. BMC Public Health, 2014, 14 (1): 105.

[13] ANDERSEN Z J, DE NAZELLE A, MENDEZ M A, et al. A study of the combined effects of physical activity and air pollution on mortality in elderly urban residents: The Danish Diet, Cancer, and Health Cohort [J]. Environ Health Perspect, 2015, 123 (6): 557-563.

[14] FISHER J E, LOFT S, ULRIK C S, et al. Physical Activity, Air Pollution, and the Risk of Asthma and Chronic Obstructive Pulmonary Disease [J]. American Journal of Respiratory and Critical Care Medicine, 2016, 194 (7): 855-865.

[15] KUBESCH N J, THERMING J J, HOFFMANN B, et al. Effects of Leisure-Time and Transport-Related Physical Activities on the Risk of Incident and Recurrent Myocardial Infarction and Interaction With Traffic-Related Air Pollution: A Cohort Study [J]. Journal of the American Heart Association, 2018, 7 (15): e009554.

[16] FUERTES E, CARSIN A E, ANTO J M, et al. Leisure-time vigorous physical activity is associated with better lung function: the prospective ECRHS study [J]. Thorax, 2018, 73 (4): 376-384.

[17] ZHANG Z, CHAN T C, GUO C, et al. Long-term exposure to ambient particulate matter ($PM_{2.5}$) is associated with platelet counts in adults [J]. Environmental Pollution, 2018, 240: 432-439.

[18] SUN S, CAO W, QIU H, et al. Benefits of physical activity not affected by air pollution: A prospective cohort study [J]. International Journal of Epidemiology, 2020, 49 (1): 142-152.

[19] MUELLER N, ROJAS-RUEDA D, COLE-HUNTER T, et al. Health impact assessment of active transportation: A systematic review [J]. Preventive Medicine, 2015, 76: 103-114.

[20] Sá T H D, TAINIO M, GOODMAN A, et al. Health impact modelling of different travel patterns on physical activity, air pollution and road injuries for São Paulo, Brazil [J]. Environment International, 2017, 108: 22-31.

[21] SHEPHARD R J. Is Active Commuting the Answer to Population Health? [J]. Sports Medicine, 2008, 38 (9): 751-758.

第6章

积极交通出行与幸福城市

第一节 城市幸福感评估与交通出行满意度
第二节 社会交往、社区凝聚与积极交通的联系
第三节 幸福城市的构建与积极交通的角色

在城市中，人们的生活方式与不同的交通模式紧密相连。在所有交通模式中，积极交通出行对于塑造幸福城市起着至关重要的作用。积极交通不仅对居民的出行体验产生直接的影响，还深刻影响着城市的整体氛围和社会互动。幸福城市不仅仅是建筑和设施的堆砌，更是人们生活的愉悦和社会互动的活力体现。在当代健康城市和活力出行的生活理念下，积极交通的作用愈发重要。积极交通出行不仅可以促进社区内部的人员流动与交流互动，增加社区的开放性和包容性，还能促进社区与外部的交通和互动。使用积极交通方式的群体更容易参与城市生活，与他人互动，形成社区共享感。这种共享感有助于增强整个城市和社会的凝聚力和活力。

关注城市居民主观幸福感能够在个人和城市层面产生巨大的积极效益，因为幸福感的提升与健康、生产力和可持续性的显著提升有关。全球人口不断向城市聚集，城市的可持续发展已经成为未来的关注重点。一个以增加居民幸福感为核心的城市发展框架，其关键组成部分包括幸福愿景、公众参与、幸福利益清单、系统规划和可持续性干预[1]。从城市规划的角度来看，积极交通为幸福城市的构建提供了一个充满希望的前景，因为它减少了交通系统占用的空间，为设计更具吸引力、包容性和宜居性的城市提供了机会。同时，这种交通模式能够减少通勤负担，并与身体锻炼等体育活动相结合，带来更大的幸福感。步行和骑自行车的增加带来了积极的环境、社会和经济效益，这些效益有助于城市的可持续。因此，深入研究积极交通系统如何在城市中影响居民的幸福感至关重要。这有助于制定更加有效的城市规划和交通政策，进一步推动城市的可持续发展，提高居民的幸福感和生活质量。

本章主要探讨积极交通出行对构建幸福城市的影响。首先，从幸福感的概念与影响因素入手，深入发掘出行与幸福感之间的关联。通过社会网络视角，揭示积极交通如何促进社会互动。进一步地，关注积极交通如何营造幸福社区，致力于探讨积极交通如何成为幸福城市建设的助力。在理论层面上，本章结合效用理论、计划行为理论、社会认知理论和生态模型等，深入剖析积极交通对于幸福城市建设的重要作用。这不仅关注了个体的出行体验，更强调城市整体的社会氛围和互动文化。这种社会互动不仅增进了人际关系，还加强了社会凝聚力，使城市更具人情味。

本章第一节，从城市幸福感的测度指标入手，强调了出行在幸福感研究中的重要地位及其意义。通过分析出行满意度与居民幸福感之间的因果关系，以及涉及的时间利用、建成环境、社会互动、环境质量、经济状况等要素，提出在效用理论视角下，鼓励积极交通出行是追求效用最大化的体现。幸福感作为人们对生活的综合心理感受，直接受到城市规划和交通规划的影响。步行、骑行和公共交通的选择不仅降低交通成本和环境负担，还增加出行的愉悦感和身体活动，从而提高整体幸福感。

本章第二节，结合前文所述的理论，我们论述了积极交通在幸福社区构建中如何促进社会交往和社区凝聚力。计划行为理论、社会认知理论和社会生态模型共同解释了积极交通价值观的形成、传播和对社区的影响。它们之间的相互作用揭示了交通方式选择对环境、身体健康和社会互动的综合影响。此外，本节还以澳大利亚的一项实证研究为例，来验证积极交通对于幸福社区和健康城市的积极影响。

本章第三节主要讨论了积极交通在城市居民日常出行和通勤过程中提升主观幸福感的作用。探讨了通过规划实践，实现"城市规划—积极交通出行—主观幸福感提升"这一路径。积极交通主要通过提升身体健康水平、促进社会参与和社区凝聚力、优化公共交通系统、将通勤转化为娱乐活动以及改善环境质量等路径影响幸福城市。城市规划者和社会组织可以采取一系列措施，如创建便利的步行和骑行环境、提供便捷的公共交通系统以及制定支持积极交通出行的鼓励性政策，以改变人们的出行态度，形成积极的出行意向。通过广泛的宣传和社会互动活动，可以引导居民形成积极的出行观念，建立良好的社会规范以及培养健康的出行文化，从而增强城市的整体活力和幸福感。最终，构建起一个健康的城市生态系统，以减轻交通对于环境的负担，提高城市的整体生态友好性，从而为居民创造更为幸福的生活环境。

第一节　城市幸福感评估与交通出行满意度

随着社会经济的快速发展，居民的生活方式也在不断发生变化。在追求高收入的同时，人们也更加注重生活质量的提升。幸福感作为评价生活质量的重要依据，已引起了各国政府和学者们的广泛关注。然而，作为世界第二大经济体，我国虽然在人均收入方面取得了显著增长，但在国民幸福感的提升方面并未与之同步。根据《世界价值观调查》（*World Values Survey*）[①]的数据，从 1990 年至 2012 年，我国国内生产总值实现了 31.25 倍的高速增长，但居民主观幸福感的均值却呈现出下降趋势。此外，联合国发布的《全球幸福度报告》（World Hoppiness Report）（2016—2021 年）也显示[②]，我国在世界 155 个国家中的幸福感排名一直处于中下游水平，2021 年更是下滑至第 84 名。针对这一问题，党的十九大报告中明确指出，我国社会主要矛盾已经转化为人民日益增长的美好生活需要和不平衡不充分的发展之间的矛盾。因此，如何快速有效地提升国民幸福感已成为当今社会亟待解决的重要问题之一。

一、幸福感的概念与指标

幸福感是一个多维度的概念，包含了主观幸福感（Subjective Well-being）与客观幸福感（Objective Well-being）两个方面。一方面，主观幸福感主要涉及个体的认知和情感体验，包括对生活的满意度和积极、消极情感的表达[2]。它代表着享乐幸福（Hedonic Well-being），与快乐的存在和痛苦的缺失有关。同时，主观幸福感也可通过奋斗幸福（Eudaimonic Well-being）来衡量。通过这种方式衡

---

① 来源于 Inglehart 等人发表的《世界价值观调查》（*World Values Survey*），资料参见 http://www.worldvaluessurvey.org/WVSDocumentationWV2.jsp。

② 来源于 Helliwell 等人于 2016—2021 年期间发表的《全球幸福度报告》（*World Happiness Report*），资料参见 http://worldhappiness.report。

量的主观幸福感可以通过追求更高目标和实现生活意义的过程来获得，例如通过提高收入和保持健康等方式来提升幸福感。另一方面，客观幸福感则是指可以直接通过仪器测度获得的生理学指标，如脑电波以及唾液中皮质醇等。这些指标反映了人们生理上的反应和状态，可以作为衡量幸福感的客观标准。从效用角度来理解，主观幸福感可以被看作是一个人的"体验效用（Experienced Utility）"，与经济学的"决策效用（Decision Utility）"有所不同。体验效用是个体基于记忆与感受的基础上对事物的整体性、综合性评价，包括对当下活动产生的"即时效用（Moment Utility）"与回忆时产生的"记忆效用（Remembered Utility）"的结合[3]。此外，主观幸福感还可以在不同生活领域中进行评估，如居住满意度、工作满意度以及婚姻满意度等。在时间尺度上，主观幸福感可以分为长期幸福感和短期幸福感。长期幸福感是对生活状况的长期整体评价，具有稳定性和一致性；而短期幸福感则是指日常活动中产生的正负向情绪等，通常具有波动性。居民的长期幸福感和短期幸福感之间相互关联，前者可以看作是后者的累积或综合评价。

已有的幸福感研究跨越了心理学、社会学、经济学等多个学科领域，不仅限于文化、宗教以及哲学等传统视角，呈现出交叉性和综合性的发展趋势。其发展历程大致可分为调查比较研究、理论模型建构、测量技术发展和社会指标应用等阶段（表6-1-1）。在幸福感研究的发展过程中，呈现出以下几个显著的特点：

幸福感研究的发展历程　　　　表 6-1-1

研究阶段	时间	主要内容
调查比较研究	20世纪60年代到70年代中期	比较不同人口统计维度的幸福感差异，包括年龄、性别、教育、婚姻状况等
理论模型建构	20世纪70年代中期到80年代中期	建立起不同的理论来解释幸福感产生的机制，包括人格理论、目标理论、活动理论及判断理论
测量技术发展	20世纪80年代中期到90年代末期	应用具有更高信度、效度的多种测量技术与方法
社会指标应用	21世纪开始至现在	将研究成果转化为社会应用，关注与促进人类生存与发展

来源：作者自绘

（1）研究重心的转移：影响因素的研究重心已经从经济因素转移到非经济因素。传统的经济学观点认为，收入是提升幸福感的最重要因素，但实际上，当收入超过一定的阈值时，这种相关性就会减弱甚至消失。因此，幸福感研究开始重视非经济因素，如地理和社会背景，并考虑时空行为约束限制下的连锁反应和溢出效应，关注全体系下多变量的综合影响。

（2）幸福感产生机制的理论转向：传统的心理学理论更加注重客观环境对主观幸福感的影响，强调一个人是否幸福取决于其先天的个人特质以及原生环境背景特征。随着建构主义的发展，心理学理论从静态转向动态，强调个体主观感知在幸福感产生机制中的作用。

（3）测量工具的系统化：测量工具从最初的分散状态逐渐发展为系统化。当前，研究者通过综合考虑情绪幸福感与认知幸福感，补充完善了幸福感评价量表，形成了幸福感测量的基础框架。此外，学者们还尝试利用仪器手段获取客观幸福感数据，进行客观幸福感与主观幸福感的对比研究，并衍生出融合性指标。与此同时，现有研究还从不同学科视角，对不同的幸福感测量模型和数据采集渠道进行整合，构建起全方位的测量平台，进而建立幸福感评估的多维体系。

（4）从理论到实践的转变：幸福感研究不再局限于理论层面，而是更加注重实践应用。现有研究和实践除了关注提升生活环境和日常生活品质的方法外，还探讨了如何提升个体的幸福感知和不良情绪释放。从积极心理学角度出发，通过外部干预手段如正念训练及情绪控制来激发个体内在的积极品质和力量，从而获得更深刻的幸福体验。

总体而言，幸福感研究正朝着跨学科、综合性和实践应用的方向发展，不断探索影响幸福感的因素和机制，为提升人们的幸福感提供更多指导和方法。

关于幸福感的衡量指标方面，国际上早有探讨。不丹国王在1970年提出"国民幸福总值（Gross National Happiness，GNH）"概念，挑战了仅凭国内生产总值（Gross Domestic Product，GDP）来衡量幸福和福祉的传统观念。这一概念主张政府应该关注国民幸福，并应以实现国民幸福为政府的核心目标。此后的数十年里，越来越多的国家与机构开始关注测度与提升国民幸福感与生活满意度的指标和方法。例如，英国"新经济基金"组织提出了"国民发展指数"与"幸福星球指数"（又称"幸福的资源效率指数"），而澳大利亚学者提出了"个人幸福指数（Personal Well-being Index，PWI）"与"国家幸福指数（National Well-being Index，

NWI)"等。自2011年起，中国有超过100个城市设定了"幸福城市"的建设目标[①]。各省市多次举办"中国幸福城市市长论坛"，共同探讨不同经济发展水平的城市如何找到各自的"幸福增长点"[②]。在全球范围内，积极打造"幸福城市"和"幸福国家"已成为一种趋势与共识。然而，关于如何确切衡量幸福感，目前还没有一个统一的定论。这仍是一个需要进一步研究和探讨的领域。

在早期的研究中，学者们主要关注个体"内生特征（Internal Characteristics）"与幸福感的联系，发现基因、年龄、性别、收入水平、婚姻状况、工作状况及社会资本等因素对个体幸福感具有显著影响。然而，随着研究的深入，人们逐渐认识到"外生事件及状况（External Events and Situations）"同样对幸福感产生重要影响，例如人际关系、社会公平、福利保障与制度、公共服务、社区环境、政府质量等客观因素，这些都在不同程度上制约着居民的幸福感。目前，幸福感的评估主要依赖于幸福指数。根据不同学科背景，幸福指数的评估方法主要分为经济学和公共管理视角、社会学视角和心理学视角（表6-1-2）。从经济学视角出发，研究者关注宏观尺度，综合考虑经济、政治、社会、文化等多方面因素，以此来反映不同国家的国民幸福水平和治国理念。社会学视角的幸福感评估则从中观尺度出发，利用了各种社会调查数据，分析了影响幸福感的各种社会环境变量。心理学视角主要聚焦微观尺度，关注个人的主观感受和心理状态。在此框架下，研究者采用了不同的量表和问卷来测量个人的生活满意度、情感体验、价值实现等方面，并根据个体的内在个性和外在表现对其幸福感进行全面评估。

总而言之，城市幸福感评估的指标多种多样，但一般包括以下几个方面（表6-1-3）。在经济方面，主要评估收入、就业机会、贫富差距等指标，这些反映了城市居民的物质生活水平和经济发展水平，是幸福感的基础。在社会方面，关注社会安全、社交关系、社区参与度等指标，这些反映了城市居民的人际交往和社会融入程度，是幸福感的重要组成部分。在环境方面，评估空气质量、自然环境、城市规划等指标，这些反映了城市居民的生活环境和生态保护意识，是幸福感的长期保障。在教育方面，评估教育质量、教育公平性等指标，这些体现了城市居民的知识水平和教育机会，是提升幸福感的重要途径。在健康方面，关注

[①] 根据中国城市竞争力研究会公布的"2012年中国最具幸福感城市排行榜"，截至2011年，全国已有100多个城市提出建设"幸福城市"的目标。
[②] 2012年8月19日，央视财经频道在拉萨举办"2012幸福城市市长论坛"。

不同视角下的幸福感评估指标 表 6-1-2

尺度	视角	主要指标内容	参考来源
宏观层面	经济学和公共管理	涉及生活水平、健康状况、成就、人际关系、安全、社会参与、未来保障、国家的经济形势、自然环境状况、社会状况、政府、商业形势、国家安全状况等方面	澳大利亚墨尔本大学心理学专家库克教授等
中观层面	社会学	包括家庭关系、工作状况、幸福感比较、人际关系、社会融入、就业机会等方面	欧洲社会调查、欧洲晴雨表、世界价值调查、北京市和谐社会状况调查等
微观层面	心理学	包括生活满意度、情感、外在准则、自我体验、心理健康、身体健康、社会信心、自我接受、心态平衡、人际适应、家庭氛围等方面	世界价值研究机构的幸福指数、国际大学调查、中国城市居民主观幸福感量表等

来源：作者自绘

城市幸福感评估的要素体系 表 6-1-3

组成	描述	具体指标
社会关系	城市居民之间的社会联系和互动	社会资本、社会网络、社区参与度等
经济状况	城市的经济发展和居民的收入水平	GDP、GDP 增长率、人均收入等
教育水平	城市的教育资源和居民的受教育程度	教育经费占 GDP 比例、高等教育毛入学率等
健康状况	城市居民的身体健康和医疗保健水平	预期寿命、婴儿死亡率、医疗设施覆盖率等
环境质量	城市的空气质量、水质和环境保护状况	空气质量指数、水质指数、垃圾处理率等
文化活动	城市的文化场所、艺术活动和娱乐设施	博物馆数量、图书馆数量、电影院数量等
公共服务	城市提供的公共交通、安全和基础设施等服务	公共交通覆盖率、治安指数、基础设施建设投资等

来源：作者根据参考文献 [4] 和参考文献 [5] 改绘

医疗资源和健康水平等指标，这些反映了城市居民的身体状况和医疗保障，是幸福感的必要条件。

值得注意的是，城市交通作为城市发展的重要组成部分，不仅直接影响居民幸福感，还通过与其他关键因素相互作用，间接影响居民幸福感。在后续部分中，我们将进一步探讨城市交通与这些要素之间的相互联系。

二、出行在幸福感研究中的地位与影响要素

近年来,随着城市的高速扩张,交通拥挤、空气污染等城市问题愈发严重,越来越多的学者开始关注交通、空气污染和建成环境等地理要素与幸福感之间的关系。在城市生活中,人们大约花费 7%~10% 的时间在出行上。交通出行作为日常生活中不可或缺的一部分,对主观幸福感与生活满意度产生了实质性的影响。过去,出行通常被认为是日常活动链的中间环节或派生需求,是不可避免的时间浪费,而非活动的本质。然而,近年来的研究逐渐发现,出行并非普遍令人反感。因此,越来越多的研究开始关注出行本身的体验感受,而不仅仅是关注出行作为"到达目的地的手段"的效用价值。过去,人们习惯于通过考虑交通系统的客观影响来评估交通出行的满意度,如出行时间和成本、交通事故和环境退化。然而,近年来的研究越来越聚焦于交通的主观体验,包括它对整体幸福感的贡献。对于幸福感的研究已经从单纯关注客观因素转向了主观与客观因素的结合,更加全面地探讨交通出行与幸福感之间的关系。

在满意度或幸福感的相关研究中,出行被视为一个独特且重要的领域。从概念上讲,出行幸福感(Travel Happiness)可广泛定义为个体在特定出行过程中的认知评价和情感体验。而出行满意度(Travel Satisfaction)主要涉及出行者在个人出行过程中所产生的一系列认知反应,是主观幸福感中生活满意度的重要构成部分。最近的研究已经采用了多种方法来评估出行者如何评价出行本身。

由于出行是由活动派生的产物,是基于活动的延伸,与活动之间存在相互影响的关系,因此对活动的深入分析是理解出行行为的基础。一方面,根据出行行为分析方法的阐述,出行选择在很大程度上决定了活动的时间与地点,而出行选择也受到活动时空条件的限制。因此,进行不同活动与出行时主观幸福感或效用的变化原因很大程度上可以通过时间分配理论来解释。另一方面,实证研究表明,出行对主观幸福感有三种作用途径。第一,出行过程本身会产生积极或消极的情绪,通过影响出行幸福感来影响主观幸福感。第二,出行作为两个活动之间的连接,可以被视为后续活动的前置部分,具有"溢出效应",能够通过影响活动幸福感来影响主观幸福感。第三,作为居民日常行为的重要组成部分,出行能够直接影响整体生活满意度,从而影响主观幸福感。前两种为间接效应,最后一种为直接效应。因此,提升出行满意度是提升主观幸福感的直接手段和重要途径,值得深入探讨。

以往的研究表明，出行满意度受到地区和个人因素的共同影响。在区域层面，它包括区域交通系统的平等性、便利性、舒适性和安全性，在个人层面，它涵盖了三个主要类别。第一类是出行属性，包括出行目的、出行时间、出行持续时间、出行频率、出行同伴、出行模式、出行者与他人的互动、出行中经历的事件等。第二类是出行者的社会人口属性，包括性别、种族、年龄、工作类型、地区、劳动力状况、受教育水平、家庭收入、婚姻状况、健康状况、休息状况等。第三类涉及其他的主观满意度或幸福感指标，包括整体满意度（即生活满意度）和活动幸福感。一方面，基于功利最大化理论框架以及出行行为分析方法的观点，出行与活动之间存在双向关系——活动的时间和范围受到出行选择的影响，同时出行选择也受到活动安排的制约。另一方面，已有研究证明，特定事件的主观幸福感或满意度水平与整体幸福感或满意度水平之间存在正向的交互作用[6]，这表明出行满意度与长期生活满意度之间也存在类似的关系，因为出行是日常生活中的重要组成部分。

在个人社会经济及健康属性方面，对于性别效应，男性和女性的出行满意度并未显示出显著差异。值得注意的是，月收入与出行满意度之间存在显著的正相关关系，而年龄与出行满意度呈负相关。在健康状况方面，有健康问题或肥胖的人更有可能对出行持有负面情绪。然而，残疾人通常不会认为出行是不愉快的，这可能是自评健康因素发挥了作用，因为研究显示残疾人在自我认知上普遍认为自己和健全的人一样健康。此外，在一次出行中同时感到疲惫和愉快是不矛盾的。实际上，应区分看待出行造成的身体疲劳与精神疲劳。身体疲劳可能随着休息而恢复，而精神疲劳可能更持久且更容易导致不愉快的出行体验。

在出行属性方面，不同交通方式对出行满意度的影响有所差异。国际与国内的经验研究一致认为，骑自行车和摩托车比步行方式更容易被认为是愉快的。与使用公共交通出行的人群相比，使用私家车出行的群体通常具有更高的出行满意度。对于公共交通，研究指出，对公共汽车服务的满意度不仅取决于工具性因素，如准时性和费用等，还受到各种非工具性因素的影响，如清洁、隐私、安全、方便、压力、社会互动和沿途风景。而行人会根据许多非工具性的标准，例如拥挤程度、空气质量、是否有树木和花卉、是否有乞丐，以及人行道的类型等，来评估他们的步行行程。此外，由于社会经济属性特征的差异，不同人群对于同一种出行模式的评价也会有所不同。结伴出行，尤其是和孩子或朋友一起，通常比独自出行更快乐、更有意义。此外，出行中进行的活动的数量和类型也会影响人们对出行的感受。例如，听音乐或收音机、欣赏风景等行为可以减轻疲劳感，使出行更加愉快。值得注意的是，出行时间、出行距离与幸福感之间的关系因出行目的的不同而有所变化。一般情况下，出行时间、距离与幸福感呈负相关，与压力呈正相关。然而，以休闲为目的的出行是个例外，其带来的正向效应可能超过了出行时间带来的负向效应。在所有出行目的中，通勤通常具有最低的出行幸福感，尤其是在大城市中。这是因为大城市在高峰时段更容易发生交通拥堵，从而给通勤者带来负面情绪。

此外，幸福感存在比较效应，即"对比幸福感"或"相对幸福感"。它是指个体基于与他人或过去自己的状况进行比较，对自身生活幸福感的评价。根据这一理论，幸福感取决于个体与身边人是否处于相似的境地。在交通出行方面，幸福感的比较效应主要体现在以下两个方面。一是通勤时间。个体的通勤时间会影响其心理状态和生活质量。个体往往会将自己的通勤时间与他人的通勤时间进行比较，从而产生不同的满意度和幸福感。一般来说，通勤时间越短，个体越容易感到满意和幸福；反之，通勤时间越长，不满和不幸福的感受可能更加强烈。二是交通方式。个体的交通方式也会影响他们的出行效率和环境意识。个体在比较自己和他人的交通方式时，会产生不同的满意度和幸福感。一般而言，更便捷、舒适或环保的交通方式会使个体更容易感到满意和幸福；而不便捷、不舒适或不环保的交通方式则更容易引发不满和不幸福的感受。举例来说，主观幸福感随着个人汽车使用量的增加而增加，但当同龄人的汽车使用量增加时，这种幸福感会降低。尤其是当个体自身的汽车使用权被视为与同龄人的汽车使用权存在相对差异时，更低的相对汽车可获取性会降低个体幸福感。需要强调的是，不同的个体对于出行幸福感的评价标准和感受方式可能存在差异。因此，在理解和评估出行幸福感时，应充分考虑个体的主观感受和比较效应。

三、出行与幸福感的相互联系

居民幸福感和交通出行满意度是评估城市居民生活质量的两个重要指标，它们相互交织并受到多重因素的共同作用。在考察这两大指标时，相关研究发现它们共同受到诸如时间利用、经济状况、环境质量、建成环境以及社会互动等因素的影响。此外，居民幸福感和交通出行满意度之间还可能存在一系列的因果关系。例如，群体间的社会互动水平受到交通出行满意度的影响，而交通的便捷度又与幸福感水平紧密相关。

就共同影响因素而言，工作与生活平衡、灵活的时间安排以及有效的交通出行方式，都是构建幸福城市的重要元素。时间作为衡量城市居民生活质量的标尺，扮演着幸福的支撑点角色。在城市生活中，时间的有效利用既是构建幸福感的一环，还在居民的交通出行满意度中发挥着至关重要的作用。合理的时间管理不仅有助于更好地平衡工作、生活和社交，还直接影响着出行体验的愉悦度。具体来说，出行时间作为时间利用的一部分，直接关联着城市居民的交通出行满意度。通常，过长的通勤时间与较低的出行满意度之间存在明显的相关关系。在通勤过程中，时间的浪费往往会导致出行体验的下降，从而影响居民的交通出行满意度。另一方面，出行时间也会影响其他方面时间的合理利用。长时间的通勤往往会减少居民在其他活动上的时间，从而降低整体的幸福感。特别是对那些每天花费大量时间在通勤上的人群来说，时间的损失可能进一步加剧他们的压力和疲劳，对幸福感产生负面影响。在快节奏的城市生活和高压的工作环境下，时间管理成为影响居民幸福感的关键因素之一，而工作与生活的平衡是其中的核心环节。找到工作和生活的平衡点，使得工作与生活相辅相成，直接关系到居民的心理健康和幸福感。通常，能够较好平衡工作与生活的人更容易体验到幸福感。此外，灵活的时间安排也是提升居民幸福感的关键。城市生活的多样性为人们提供了更多选择空间，使得时间利用更加多元。在城市规划中，为居民提供更多的时间选择空间，如延长公共场所的开放时间、多样化文化娱乐活动的时间，有助于创造出更具活力和幸福感的城市环境。

与此同时，经济状况也是影响居民幸福感和交通出行满意度的重要因素之一。较高的经济水平可以提供更多的选择和便利，增强城市居民的整体幸福感和交通出行满意度。经济水平直接关系到城市居民的生活质量，富裕的家庭能够享受更好的教育、医疗和文化服务，获得更为优越的居住环境，这些都是构成幸福感的重要因素。经济水平的提高使居民更容易实现个人目标，享受丰富的休闲和娱乐活动，从而提升整体生活满意度。在交通出行方面，经济状况决定了个体对出行方式的选择余地，包括是否能够选择更为便捷的交通工具或灵活的出行方式。相对较高的经济水平使城市居民在交通出行时拥有更多的选择余地，为个体提供更多出行的自主权，增加交通出行的满意度。此外，高收入人群更容易购买私人交通工具，如私家车或摩托车，提高了出行的灵活性和便捷性。这种选择上的自主权使得他们能够更灵活地规划自己的行程，从而更好地适应城市生活节奏。此外，经济水平的提高也意味着城市居民更容易承受一些高成本的交通方式，如出租车或者共享出行服务。这些相对高效的出行方式有助于减少通勤时间，提高出行的便捷性，从而增加居民对城市交通的满意度。

环境质量对主观幸福感和交通出行满意度也具有显著的影响。城市的空气质量、绿化和噪声水平等环境因素直接关系到居民的身体健康和生活品质。良好的环境质量不仅为城市居民提供了宜居的生活环境，提高了幸福感，也为交通出行创造了更加舒适的条件。城市绿化作为提升环境质量的重要手段之一，不仅能美化城市景观，还能通过吸收二氧化碳、释放氧气来净化空气。此外，绿化还为居民提供了休闲娱乐的场所，增强了社区的凝聚力，进一步提升了幸福感。在交通出行方面，城市绿道和步行道的建设为居民提供了更多选择。步行或骑行在绿树成荫的街道上，不仅有益于身体健康，还为居民提供了一种放松身心的途径。这样的交通方式不仅有助于减少环境污染，还增强了出行的舒适感，为居民创造了更加宜人的出行环境。此外，城市噪声也是影响城市居民生活品质的另一个重要因素。长期处于高噪声环境中可能引发一系列健康问题，如睡眠障碍和情绪波动等，进而导致幸福感下降。交通工具的噪声和交通拥堵带来的喧嚣声都会对居民的出行体验产生负面影响。通过规范交通流、减少噪声源等措施，可以有效改善城市居民的生活品质和出行满意度。

此外，建成环境也是影响居民幸福感和出行满意度的因素中不可忽视的一部分。城市建成环境通常可以用"5Ds"要素来概括，包括密度（Density）、多样性（Diversity）、设计（Design）、目的地可达性（Destination Accessibility）和到交通站点距离（Distance to Transit）。在密度方面，已有研究表明，较高的人口密度会降低居民出行的幸福感，这可能是由于人口密集导致的资源紧张和社会冲突等原因。但也有研究显示，在一定范围内，人口密度与幸福感之间的关系并不显著，这可能是由于人口密集同时带来了经济发展、社会活力、文化多元等优势。土地利用方面，较高的土地利用混合度可能因其便捷性和缩短生活圈时间而有利于提高居民幸福感，但同时也会带来更多的竞争压力、噪声干扰、安全隐患等问题。在城市设计方面，社区绿化能够通过改善空气质量、降低温度、增加美感、减轻压力等途径提高居民的心理健康与幸福感。目的地可达性和到交通站点距离也是影响幸福感的因素之一。良好的目的地可达性和公共交通可达性能够节省时间、降低成本、增加便利和提高满足感，对幸福感产生积极的影响。具体而言，目的地可达性包括医疗设施、休闲娱乐设施、无障碍商店、教育机构等诸多方面，而公共交通可达性则涉及交通工具的便利性和覆盖范围等因素。

最后，社会互动在居民幸福感和交通出行满意度方面发挥着关键作用。良好的社会互动有助于形成积极的社会关系网络，从而提高居民幸福感。在交通出行中，顺畅的交通流动和舒适的交通环境为人们提供了更多社会互动的机会，例如在公共交通工具上的交谈或共享出行体验，从而增强了社交联结，为居民创造更加愉悦的交通体验。社会互动水平作为城市居民感受幸福的重要因素之一，与交通出行满意度息息相关。在城市中，人们的社交活动往往需要通过交通工具进行，例如朋友聚会、社区活动、文化娱乐等。因此，交通出行的便捷性和满意度会直接影响到人们的社会互动体验。首先，便捷的交通系统可以缩短人们之间的空间距离，使得社交活动更容易实现。如果居民能方便、便捷地到达目的地，他们更有可能参与到社会互动中，促进人际关系的建立和维护。反之，交通不便和通勤时间过长可能会降低人们参与社会互动的积极性，从而对幸福感产生负面影响。其次，交通出行满意度还可能通过影响居民对城市的整体评价，进而影响到他们的社会互动水平。如果一个城市的交通系统效率高、出行便捷，居民更容易对城市产生积极的认知，从而更愿意参与社会互动，形成良好的社会关系网络。此外，幸福感水平与出行的便捷性之间存在密切关系。人们在出行过程中所体验到的便捷性直接影响着他们的幸福感。这种影响涉及多个方面。一方面，出行的便捷性直接关系到居民日常生活质量。高效的交通系统能够提供便捷的出行方式，使居民在日常活动中更加轻松愉快。比如，短时间内到达工作地点、商业区、娱乐场所等，可以增加生活便利度，提高居民的生活满意度，从而提升整体的幸福感水平。另一方面，出行的便捷性还涉及城市居民的时间利用效率。如果交通出行更加便捷，居民能够更高效地利用时间，从而有更多的时间参与到社交活动、文化娱乐等有益身心健康的活动中。这种高效的时间利用有助于提升个体的幸福感水平。

综上所述，提倡积极交通出行可以被视为是追求效用的最大化，也是提升幸福感的重要途径。根据效用理论，人们的决策和行为基于对不同选择的效用进行比较，并选择能够最大化总体效用的选项。效用越大，幸福感程度也就越高。第一，从环境视角出发，积极交通方式，如共享交通工具、步行和骑行，通常具有更低的碳排放和环境影响，这有助于改善城市环境质量。出行微环境的提升则提高了人们使用积极交通出行的可能性，形成良性循环，进而提升人们的生活满意度。在效用理论中，环境友好的选择可以被视为一种"非使用价值"（Non-use Value），即在不直接使用环境资源的情况下仍然产生价值。通过选择积极交通方式，个体实际上在提高整体的环境效用，这符合效用理论中追求最大总体效用的原则。第二，积极交通方式通常与身体健康和生活质量的提升密切相关。步行和骑行等活动性交通方式有助于增加体力活动，提高身体健康水平。而个体的健康状况是影响效用的重要因素之一。选择对健康有益的积极交通方式有助于提高自身的效用水平，这与效用理论中追求最大化个体效用的原则是一致的。第三，积极交通方式往往与更为高效和舒适的出行方式相关联。共享交通工具和步行通常能够更灵活地适应城市交通，减少通勤时间和拥堵问题。在效用理论中，时间是一个重要的决策变量，而选择更为高效的交通方式是追求最大化时间效用的行为。因此，提倡积极交通出行有助于城市居民追求效用的最优化，通过提高环境、健康和时间效用来提升整体生活满意度。第四，从空间正义的视角出发，积极交通的使用可以促进空巢老人、进城务工人员、妇女、未就业人口等弱势群体在出行机会和方式选用上的权利，实现从传统的交通"横向公平"向"纵向公平"转变。通过扩大受益人群，应对交通出行和城市扩张领域的不平等问题，让所有社会经济阶层的人员都能够平等地实现健康出行、使用公共交通服务以及利用休闲娱乐的绿地等，提升整个居民群体的效用和主观幸福感。第五，从城市韧性的视角出发，积极交通出行在公共卫生领域发挥了重要作用。在新冠疫情期间，积极出行方式展现了交通设施在面对危机和灾难期间的抵御能力，增加了城市抵御风险的能力和韧性。第六，从社会的角度来看，积极交通也在增加个人的社会和文化可能性方面对社会关系产生重要影响，扩展了人群的社交可能性，增加了社交效用。

总体而言，城市居民的交通出行不仅仅是一个简单的物理移动过程，它还涉及深层次的社会心理层面。社会心理学为我们提供了一个框架，帮助我们理解个体决策和行为背后的动机。从这一角度出发，我们能够深入研究城市居民在交通出行中的期望和需求，以及这些因素如何与他们的幸福感相互作用。这不仅有助于我们更好地理解城市居民的交通出行体验，还能为提升他们的幸福感和交通出行体验提供有价值的指导。因此，下一节我们将从社会心理学视角出发，深入探讨城市居民交通出行的期望、需求与幸福感之间的相互作用。我们将详细阐述为何交通不仅是连接空间的纽带，更是社交活动的媒介。当城市居民通过积极交通参与社交、聚会、文化活动时，他们也通过交通手段更紧密地与社区、朋友和文化场所联系在一起。

第二节　社会交往、社区凝聚与积极交通的联系

如今，出行不应再像新古典理论所假设的那样被视为个人主义和孤立的行为，而应该放在社会关系和背景的网络中来理解。因此，将社交网络纳入交通分析是必要的。社交网络框架为我们理解物理空间的作用、社交活动类型、通信和信息技术的使用以及"与谁"进行活动的重要性提供了有益的见解。总体而言，将社交网络明确纳入活动—出行行为建模框架，为理解社交活动和潜在行为过程的关键提供了一个有价值的视角。这一视角为社区尺度下积极交通如何增强个体主观幸福感提供了参考。

一、社会网络视角下的出行选择

在活动—出行行为框架中，出行需求分析扮演着至关重要的角色。这一分析旨在深入探究人们参与活动的动机和方式，以及这些活动对交通系统的影响。早期的出行需求建模主要聚焦于工作出行，特别是人们如何选择上下班的方式、时间和路线。然而，随着社会经济的发展和生活方式的多样化，非工作出行，例如购物、娱乐、教育、医疗等，也成为影响交通系统性能和规划决策的重要因素。为了更好地应对这种变化，研究开始从单一的出行目的方法（即只考虑工作出行）转向更综合的基于时间表的出行分析，这考虑了人们在一天中不同活动之间的联系和顺序。尽管如此，这些研究有一个共同点：它们大多忽略了社会背景因素在出行选择中的作用。换言之，现有的选择行为分析方法大多基于新古典经济学理论，将个体视为孤立、理性和自利的存在，仅追求个人效用最大化。这种假设显然忽略了人们在社会网络中互动及其对出行选择的影响。

基于上述讨论，家庭内部互动和社会背景因素被加入出行需求建模中。在规划出行时，不仅需要考虑个人的活动模式，还要协调家庭成员的日常活动，包括共同参与的活动和出行。这涉及维护活动的分配机制、活动位置和居住地点的选

择行为，并强调家庭成员之间的互动和协作。同时，我们也不能忽视出行选择背后的社会背景。例如，人们可能因各种社交活动出行，如会见朋友，参与教堂、体育俱乐部、志愿服务等不同类型的社交活动，以及观看体育比赛、音乐会、戏剧等文化娱乐活动。这些社交活动已经被整合到基于活动的建模中，它们不仅反映了个人的兴趣和价值观，也受到了社会网络中其他人的影响和约束。因此，交通研究人员开始采用社会网络视角来分析个人和活动网络之间的关系，借鉴了包括网络分析或社会互动建模等其他社会科学方法。

其中，社会生态模型（Socio-Ecological Models，SEM）是一种用于分析人类行为的理论框架。该模型将影响因素从个人层面扩展到了社会和环境层面，从而提供了一种全面而多维度的视角。社会生态模型的优势在于，它能够整合来自不同研究领域的理论，将这些理论融合到一个统一的理论框架中。这使得研究人员能够更全面地理解人类行为，并从多个角度分析行为的影响因素。该框架不仅关注行为的环境和政策背景，还强调这些因素对个体心理和社会层面的影响。它遵循几个基本原则，包括：特定行为受到多种因素的影响，这些因素可能相互作用；该框架应该是特定于行为的，考虑到不同行为的特有属性。在所有的变体中，社会生态模型的核心原则是个人行为受到多重因素的影响，这些因素之间相互作用，并且这种方法可以被应用于旨在改变行为的干预措施中。

在基于社会生态模型（SEM）的理论框架中，一个重要的扩展是将社会互动效应纳入选择模型。这意味着决策者在社会环境中预测和处理有关个人的行为反应时会受到获取信息的方式和渠道的影响，进而影响其态度和看法，最终影响其选择。这种方法认为，个人不仅受到自身特征和偏好的影响，还会受到他人选择和行为的影响。例如，如果青少年观察到他们的父母和邻里是步行爱好者，那么他们更有可能成为步行爱好者，并选择步行上学。在回顾成人积极交通的社会决定因素时，个体是否选择积极出行与家人和朋友的社会支持显著相关。此外，工作场所建筑环境与感知群体规范对积极交通方式选择有显著的交互效应，即工作场所的建筑环境与感知到的群体规范相互作用，影响人们是否选择骑车出行。

除了社会生态模型之外，还有其他理论框架可以用来解释出行行为。其中之一是结构化理论（Structuration Theory）。由社会学家 Anthony Giddens 提出的结构化理论认为，社会结构是由人们的行动和代表模式制定的，同时，人们的行动和代表模式又是由社会结构制定的。因此，社会结构和个人行动之间是相互作用的，而不是单向的。这种相互作用是通过多种社会行动和代表模式来实现的，例如规范、价值观、信仰、习俗、法律等。该理论认为，"地方社会组织和日常生活的行为是复杂的，因为它们是通过多种社会行动和代表模式制定的"[7]。这种理论强调个人认知和自身性格在形成习惯性行为中的作用。习惯不仅仅是自动行为，而是由一个人的经济资本、社会资本（基于群体成员、关系、影响和支持网络的资源）、文化资本（例如能力、技能和资格）和象征资本（例如声望和荣誉）的总和驱动的。根据这些理论假设，步行和骑自行车被视为社会参与的一部分。例如，步行不应该被概念化为一种单一的行为，而应视为一种多样化的"社会生活的日常实践"，并理解为"自我和环境之间固有的社交参与"。这是一种身体、社会和政治实践，与空间、种族和阶级有着内在的联系。步行可以是穷人因缺乏其他交通方式而采取的做法，也可以是中产阶级为关心健康、美学和环境而选择的方式。以英国为例，在这样一个"自行车不友好"的国家当中，骑自行车被视为一种政治行为，与身份认同有关[8]，而"普通"的交通和城市基础设施则被重新理解为"（潜在的）有意义的互动，乐趣和文化创造的空间"。

此外，根据计划行为理论，社会身份的作用在制定具体政策时显得尤为重要。这是因为社会身份能够激励行动，增加行为意图。人的行为不仅是由纯粹的功利主义考虑决定的，还取决于个人自我概念和作为某些群体成员的身份所带来的象征性后果。具体来说，个人的行为意图取决于他们对行为后果的态度、执行该行为的信心以及他人对该行为是否支持。在骑自行车的背景下，人们会权衡骑自行车的利弊，如节省成本、锻炼身体、减少污染等。同时，他们还会评估自己是否有足够的技能、信心和动力去骑自行车。此外，个体所属的社会群体（如家庭、朋友、同事等）对个体的行为选择起到关键的鼓励或阻碍作用（图6-2-1）。实证研究显示，社会心理和社区建筑环境变量与青少年报告的积极交通之间存在独立和相互影响的关联。这进一步强调了建筑环境和心理社会因素在塑造积极交通方面的重要性。例如，自我效能感、同龄人的社会支持和身体活动的享受这三个社会心理指标均显示出对积极交通的显著正面影响[9]。政策制定者可以强调社会身份的积极作用，以鼓励更多人选择积极交通方式，如骑自行车。这不仅有助于树立环保、健康的形象，还与个体的自我概念和社会认同感紧密相连。当人们在考虑采用积极交通方式时，除了考虑个人利益外，还会关注周围社会群体的态度和支持程度。这种将社会身份、积极交通和主观幸福感联系起来的方式有助于形成正

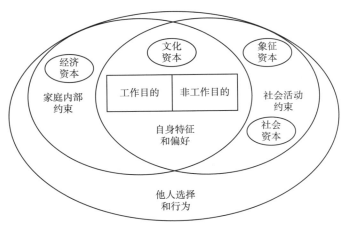

图 6-2-1　社会网络视角下的出行需求建模
来源：作者自绘

向循环。正向循环意味着，通过政策的制定和社会环境的营造，可以促使更多个体选择积极交通方式，从而提高他们的社会身份认同感和自我效能感。随着积极交通行为和社会认同感的增加，个体的主观幸福感也可能得到进一步提升。这种综合考虑社会心理和环境因素的策略，为构建更具幸福感的城市交通环境提供了一条可行的路径。

二、积极交通与社会互动的联系

根据联合国欧洲经济委员会工作组的定义，积极交通是指依赖人体作为交通工具的出行方式，例如步行和骑行。在城市交通的背景下，积极交通是机动交通的可行替代方案，并且有充分的理由促进其使用。首先，积极交通出行不会产生额外的噪声或污染，并且能够减少对不可再生资源的消耗。其次，这些交通方式的能量来自用户自身，且通过体力活动有助于减少个体的健康风险。再次，自行车可以停放在非常小的空间内，因此相关的公共基础设施投入的直接和间接成本很低。此外，积极交通方式更具有公平性，因为几乎每个人都可以使用自行车和步行。之后，步行和骑行能够保持社交距离，并减轻城市公共交通系统的压力。

有充分的证据显示，交通在多个层面对社会排斥（Social Exclusion）、社会资本（Social Capital）、社会凝聚力（Social Cohesion）和社交网络（Social Networks）产生影响。交通对日常生活的质量产生了深远的影响，而这种影响主要体现在对社会互动的影响上。交通工具的获取、空间规划、交通设计和社区隔离等都是影响社会互动的重要因素。这些因素不仅决定了人们如何相互交流和互动,还对社会关系的形成和发展起着决定性的作用。

首先,获得交通工具对于防止社会排斥和建立社会资本至关重要。交通的便利程度不仅取决于公共交通服务的提供和距离,还涉及成本、信息的提供,以及安全和犯罪等其他方面。如果这些方面的评估结果不佳,个人可能在交通方面处于不利地位,进而面临社会排斥,减少获得机会和服务,以及削弱社会网络等问题。2003年,英国政府社会排斥小组已经认识到交通劣势和社会排斥之间的关系[10]。他们指出,缺乏交通工具或公共交通服务的退出会削弱社会网络,进而削弱社会支持水平,而一个充足、可靠且负担得起的交通网络则是有益于社会网络发展的。

其次,关于交通规划和空间设计如何影响社会凝聚力,这是社会环境和健康领域的一个重要议题。为了促进社会互动,交通规划和街道设计应该创造人们聚集的场所,并降低汽车的支配地位。公共和绿色空间在这方面有积极作用,因为它们为人们提供了偶遇的场所,增强了人们对地方的归属感。这样的空间有助于步行或骑自行车出行。相反,过多的交通流量和过快的速度会对社会凝聚力产生负面影响,因为它们减少了邻里之间的社交互动,导致社交网络萎缩。因此,交通规划和空间设计是影响社会凝聚力的重要因素。城市景观的改变可能会以因人而异的方式影响步行和骑行。街道连通性、步行和骑行设施以及社区美感等因素都与社区意识有关,而可步行的环境能够促进社会资本以及社会凝聚力。因此,为了增强社会凝聚力,应当提升适用于积极交通的建成环境,如修建自行车道和减少机动交通的路段。通过优化交通和空间设计,我们可以为社区居民创造一个更加友好、互动和凝聚力强的环境。

再次,除了个人特征、社区规模和住宅区设施的影响之外,交通流动性特征(如汽车数量、通勤时间)也影响着个体参与社会互动的可能性。社区隔离(也称为"障碍效应")(Community Severance / Barrier Effect)是指交通基础设施、交通速度或交通量作为身体或心理障碍,影响个人的出行和社交网络,以及商品、服务和设施的可达性,并影响人们对于社区划分的认知[11]。其后果不仅限于将人们从某个区域中分离出来,还包括对个体的心理影响、生活质量和人口流动性的影响,以及对社会凝聚力和社会排斥的影响。当一个街区被主干道从中间分开时,人们通常只认为主干道靠近自己这一侧属于自己所在的社区范围。此外,研究发现那些属于机动车被限制的生活区域,即交通量更小的街区,其居民在当地拥有更多的社会联系，并且彼此之间关系更加紧密，对他人更信任，互动和联系也更多。

从次，积极交通在促进社会凝聚力方面具有显著优势，与其他出行方式相比最为有利。社会凝聚力由社会网络和社会关系质量两种结构形式组成，与邻里或社区紧密相关。虽然增加私家车的使用可能会缓解社会排斥的问题，但同时也对社会资本造成了不利的影响。与积极交通相比，驾车通勤与社会参与度的下降和信任度的下降有关，并且这种关联随着通勤时间的延长而加强。相比之下，使用公共交通通勤与社会资本措施的减少之间没有显著关联，但长时间通勤者报告的社会参与度较低。与此同时，摩托车虽然为人们提供了社区外的信息获取机会，但却削弱了他们在社区内的接触。反观步行，尽管步行性与社区中的其他三种社会关系（邻里互动、社会团结和非正式社会监督）无关，但对社区意识有一定的影响。搬到可步行社区的成年人随着步行量的增加，社交互动和邻里凝聚力也有显著提高。这些研究均表明积极交通在促进社会联系和信任方面具有积极作用。

需要注意的是，久坐不动的公共交通和积极交通并不是相互排斥的，而是存在正向关联。公共交通工具的座位布局可能导致人们与陌生人保持亲密距离，从而引发社交不适。公共交通中的亲密性、限制性和流动性与在开阔的空间不同，在公共交通中无法"逃脱"，会引发一种防御状态。这会与社交互动形成负面关系，并维持社交停滞的氛围。然而，即使存在这种社交不适，代表久坐不动的公共交通与积极通勤之间仍存在高度相关性。值得注意的是，使用公共交通的人群平均出行时间最长，但在所有出行模式的人群中，这些人群用于积极交通的时间排在第二位。这表明，久坐不动的公共交通和积极交通行为不是排他性的或对立的，而是更频繁地同时发生在报告高交通时间的个体中。此外，较低的步行或骑自行车的频率与更低的公交车使用频率高度关联，而较高的公交车使用频率与较高私家车使用频率是互斥的。这意味着改善社会环境需要建立起完善的积极出行联运的公共交通网络体系。因此，提高公共交通服务水平和可达性可能有助于促进更健康和更可持续的出行方式，这也符合当前城市规划和环境保护的理念。

总之，积极交通的使用和社会交往与社区凝聚之间存在双向关系（图6-2-2）。一方面，积极出行的增加有助于减少社会排斥。通过影响人们的社会互动和休闲活动参与程度，积极交通能够提升人们的健康和幸福感。同时，可步行和可骑行的社区环境有助于减少交通不便，增加社会包容性。另一方面，更高的社交频率和社会支持也会促进积极出行。具有凝聚力的社区环境与更少的交通劣

图 6-2-2　积极交通与社会互动的作用概念图
来源：作者自绘

势、更多的政治和公民活动参与、更多的社会帮助、更好的心理健康和更高的社会幸福感息息相关。

三、积极交通与幸福社区的实证研究

在一些城市低密度蔓延的发达国家，如澳大利亚和美国，缺乏身体活动已成为慢性非传染性疾病的主要诱因之一。大量研究证据表明，无论是出于交通还是娱乐目的，骑自行车都能帮助人们达到推荐的日常身体活动量，并降低肥胖和糖尿病的发病率，以及降低心血管疾病的风险。此外，它还与降低心理疾病的风险有关。

本节将深入探讨两项基于澳大利亚的实证研究[12, 13]。这两项研究利用 2014 年澳大利亚维多利亚州人口健康调查（VPHS 2014）的数据，研究了积极交通与心理健康和生活满意度之间的关系，并深入分析了建成环境在其中起到的中介作用。该数据集包含了维多利亚州 18 岁及以上人口的代表性样本。该调查使用了维多利亚州卫生信息局的计算机辅助电话访谈，最终样本包括 30105 名受访者，分布在 79 个地方政府区域（Local Government Areas，LGA）的 1833 个社区（在澳大利亚也称为州郊区）。州郊区具有明确的地理边界，而 LGA 既是地理分区又是政

府分区。虽然它们不是澳大利亚统计局的统计单位，但通过汇总来自较小人口普查区的数据，可以获得州郊区和地方政府区域的人口普查数据。调查数据涵盖了有关个人健康状况、与健康相关的旅行行为和身体活动、饮食和病史、社会资本、社会人口特征和受访者家庭位置的广泛信息（表 6-2-1~ 表 6-2-3）。

受访者社会经济属性　　　　　　　表 6-2-1

受访者信息	骑自行车者		不骑自行车者	
	人数	百分比（%）	人数	百分比（%）
年龄				
18~34 岁	154	10.13	1802	6.31
35~44 岁	282	18.55	3108	10.87
45~64 岁	727	47.83	11237	39.31
65 岁及以上	357	23.49	12438	43.51
性别				
男	931	61.25	10926	38.22
女	589	38.75	17659	61.78
婚姻状况				
已婚	955	62.83	16941	59.26
与伴侣同居	157	10.33	1680	5.88
丧偶	63	4.14	3964	13.87
离婚	96	6.32	2360	8.25
分居	54	3.55	911	3.19
未婚	195	12.83	2729	9.55
教育				
从未上过学	3	0.20	28	0.10
小学肄业	4	0.26	250	0.87
小学毕业	10	0.66	625	2.19
高中肄业	211	13.88	7573	26.49
高中毕业	167	10.99	3589	12.56
TAFE 或贸易证书，但未完成中学 12 年级课程	184	12.11	4403	15.4
TAFE 或贸易证书，并完成中学 12 年级课程	241	15.86	4084	14.29
大学或其他一些高等教育机构	700	46.04	8033	28.10

续表

受访者信息	骑自行车者		不骑自行车者	
	人数	百分比（%）	人数	百分比（%）
就业				
自雇	213	14.01	3085	10.79
因工资、薪水或付款而受雇	761	50.07	9714	33.99
失业	43	2.83	729	2.55
从事家庭事务	45	2.96	1525	5.33
学生	44	2.89	432	1.51
退休	375	24.67	11984	41.92
无法工作	32	2.11	954	3.34
其他	7	0.46	162	0.57
在家说英语以外的语言				
否，仅英语	1359	89.41	25413	88.9
是，意大利语	25	1.64	650	2.27
是，希腊语	11	0.72	445	1.56
是，粤语	5	0.33	144	0.50
是，普通话	7	0.46	148	0.52
是，阿拉伯语	3	0.20	67	0.23
是，越南语	7	0.46	123	0.43
是，德语	13	0.86	179	0.63
是，西班牙语	7	0.46	53	0.19
是，他加禄语（菲律宾语）	2	0.13	78	0.27
其他	81	5.33	1285	4.50
住房所有权				
由居住者拥有或购买	1332	87.63	25223	88.24
从公共住房中租用	51	3.36	961	3.36
私人出租	127	8.35	2172	7.6
其他	10	0.66	229	0.8

来源：作者自绘

心理困扰的因素负荷　　　　　　　　　　　　　　　　表 6-2-2

心理困扰描述	负荷值
您有多少次无缘无故感到疲倦（过去 4 周）	0.578
您多久感到紧张一次（过去 4 周）	0.618
您多久感到绝望一次（过去 4 周）	0.783

续表

心理困扰描述	负荷值
您多久感到焦躁或烦躁（过去 4 周）	0.610
您多久感到抑郁一次（过去 4 周）	0.815
您有多少次觉得一切都是努力（过去 4 周）	0.721
您有多少次感到如此悲伤以至于没有任何事情可以让您高兴起来（过去 4 周）	0.785
您多久感到自己一无是处（过去 4 周）	0.776

来源：作者自绘

骑自行车者和非骑自行车者群体的建筑环境特征　　　表 6-2-3

特征指标	骑自行车者	非骑自行车者	p 值*
自行车道密度	0.83	0.53	0.00
人口密度	1464.93	1031.37	0.00
熵指数	0.38	0.35	0.00
商业用地百分比	0.04	0.02	0.00
连接节点比率（CNR）	0.77	0.74	0.00
公交车站密度	6.10	4.46	0.00
火车站密度	0.13	0.07	0.00
平均坡度	4.75	5.39	0.00
感知可达性	4.32	4.21	0.00

注：*p 值来自 ANOVA 测试。
来源：作者自绘

该研究运用倾向得分匹配法（Propensity Score Methods），深入探究骑自行车（即骑自行车与不骑自行车）对心理健康的影响。通过估计 Logit 模型，使用上述所有协变量预测过去一周内发生任何功利性自行车骑行的概率，并将预测值作为倾向得分。随后，根据倾向得分的对数将样本划分为若干层次。在每个层次中，治疗组和对照组在观察到的混杂变量上具有非常相似的值，模仿真实的实验情境，其中治疗组和对照组是随机分配且具有可比性的。这样的分层方法有助于更准确地评估骑自行车对心理健康的实际影响，并减少潜在的混杂变量对结果的影响。此外，还应用结构方程模型（Structural Equation Model，SEM）来研究社会人口统计学、建成环境、步行和骑自行车行为以及心理健康之间的关系（表 6-2-4~表 6-2-6）。

根据所提出的概念框架，功利性的自行车骑行和步行行为对心理健康有直接影响，并作为建成环境和心理健康之间的中介变量。在 VPHS 2014 调查中，功利性主动交通的衡量是通过要求受访者回忆他们在过去一周内骑自行车或步行旅行超过 10 分钟的天数来进行的。根据描述性统计数据，大多数受访者的心理困扰程度较低，生活满意度较高。只有约 5% 的受访者表示在过去一周内至少有一次超过 10 分钟的骑行旅行。这些受访者平均每周骑自行车 2.8 天。相比之下，约有 36% 的受访者表示，他们至少有一次超过 10 分钟的交通步行旅行，平均每周步行 3.5 天。

此外，研究选择研究心理困扰和生活满意度作为因变量。具体而言，使用凯斯勒心理压力量表的 10 个项目中的 8 个来构建心理困扰的潜变量。由于另外 2 个项目是基于原始调查人群的子样本，因此未纳入研究。在回归模型中，使用主成分分析的方法重新调整因子分数来测量该变量，以降低单个测量的维度并减少测量误差。此外，生活满意度是通过要求受访者对整体生活的满意度进行评分来衡量的，使用从 1（非常不满意）到 4（非常满意）的 4 分制。

结果表明，偶尔骑自行车出行（每周 1~3 天）可能并不会对心理健康产生显著益处。然而，定期骑自行车出行（每周至少 3 天）可能是一个对抗心理困扰、提高生活满意度的有效方式。这表明，骑自行车作为一种交通工具，对心理健康具有积极的影响。特别是，它可能有助于减少心理困扰水平和提高生活满意度水平。此外，骑自行车出行的频率对于这种积极的心理健康影响至关重要。因此，为了促进心理健康，鼓励人们更频繁的骑自行车作为交通方式是必要的。这为制定相关的政策和干预计划提供了重要的启示，这些计划不仅应鼓励非自行车骑行者将自行车作为出行方式，还应注重促进更频繁的骑自行车行为。

总体而言，一个更健康的社区，也是一个更幸福的社区。功利主义的自行车骑行行为与心理困扰呈负相关关系，且与生活满意度呈正相关。建成环境对心理健康的影响，通过步行和自行车行为作为中介传递。骑行友好的建成环境可以通过促进骑自行车和步行交通来提升居民的心理健康。人们选择骑自行车，是因为他们从中获得乐趣和心理健康的益处。此外，女性相较于男性更容易出现心理健康问题，但自行车出行对心理健康的益处在女性群体中表现得更为显著。因此，提倡女性参与骑行，对于促进性别平等和整体心理健康水平的提升都具有重要意义。

倾向得分的二元 Logit 模型（是否骑自行车的概率预测）　　表 6-2-4

变量	优势比	标准差	95% 置信区间	p 值
体育活动				
步行的日出行量达到至少 10 分钟	1.098	0.013	1.073，1.123	0.000
平均工作日坐着的时间（分钟）	0.999	0.000	0.999，1.000	0.001
每周进行休闲体育活动的频率	1.024	0.006	1.012，1.036	0.000
身体健康状况				
体重指数	0.948	0.006	0.935，0.960	0.000
患有糖尿病（1= 是，0= 否）	0.637	0.079	0.499，0.812	0.000
患有心脏病（1= 是，0= 否）	0.693	0.077	0.558，0.861	0.001
患有骨质疏松症（1= 是，0= 否）	0.641	0.094	0.481，0.854	0.002
邻里物理环境				
平均坡度（度）	0.973	0.005	0.962，0.984	0.000
人口密度（人/平方公里）	1.036	0.016	1.005，1.068	0.022
植被覆盖百分比	2.035	0.384	1.406，2.945	0.000
社会人口统计				
年龄（岁）	0.983	0.003	0.978，0.989	0.000
女性（1= 是，0= 否）	0.379	0.023	0.337，0.427	0.000
教育程度	1.180	0.023	1.136，1.227	0.000
婚姻状况				
已婚	参考项			
与伴侣同住	1.387	0.133	1.150，1.673	0.001
丧偶	0.628	0.095	0.468，0.844	0.002
离婚	0.994	0.115	0.792，1.247	0.960
分居	1.236	0.182	0.926，1.649	0.150
从未结婚	0.793	0.079	0.653，0.963	0.020
就业状况				
自雇	参考项			
受雇领取工资、薪水或付款	1.169	0.099	0.990，1.381	0.065
失业	0.966	0.176	0.675，1.381	0.849
从事家务	0.717	0.135	0.495，1.037	0.077
学生	1.114	0.222	0.755，1.646	0.586
退休	0.939	0.097	0.766，1.151	0.545
无法工作	0.729	0.161	0.472，1.124	0.152
其他	1.426	0.521	0.696，2.919	0.332
在当前社区居住的时间（年）	1.100	0.038	1.027，1.178	0.006
常数项	0.245	0.073	0.136，0.439	0.000

来源：作者自绘

功利性自行车骑行对心理困扰和生活满意度的影响结果　　　表 6-2-5

类别	心理困扰			生活满意度		
	系数	标准差	p 值	系数	标准差	p 值
自行车						
非自行车	−0.051	0.023	0.027	0.085	0.018	0
分层						
Q1	参考项			参考项		
Q2	−0.128	0.021	0	0.082	0.013	0
Q3	−0.189	0.021	0	0.110	0.013	0
Q4	−0.236	0.019	0	0.132	0.013	0
Q5	−0.260	0.020	0	0.136	0.012	0

注：倾向得分是根据二元 Logit 模型得出的骑自行车交通的预测概率。然后根据倾向得分的对数将样本分层为五分位数（Q1~Q5）。在模型估计中，心理困扰和生活满意度都被视为连续变量。
来源：作者自绘

SEM 模型结果　　　表 6-2-6

指标	自行车日	步行日	心理困扰		生活满意度	
	直接影响	直接影响	直接影响	间接影响	直接影响	间接影响
自行车日（出行至少 10 分钟）			−0.009		0.025	
步行日（出行至少 10 分钟）			−0.005		0.014	
自行车道密度	0.033	0.181	0.002	−0.001	−0.004	0.003
商业用地百分比	0.183	1.714	0.005	−0.01	−0.002	0.028
连接节点比率（CNR）	0.183	1.055	0.001	−0.007	−0.078	0.019
火车站密度	0.122	0.491	0.009	−0.003	0	0.010
感知可达性	0.007	0.051	−0.074	−0.0003	0.102	0.001
平均坡度	−0.002	−0.002	−0.0001	0.0001	0.002	−0.0001
年龄	−0.003	−0.008	0.007	0.0001	−0.011	−0.0002
年龄平方			−0.0001		0.0001	
女性	−0.144	−0.169	0.027	0.002	0.06	−0.006
教育	0.014	0.083	−0.021	−0.001	0.024	0.002
婚姻状况	0.002	−0.217	−0.119	0.001	0.184	−0.003
就业状况	0.016	−0.162	−0.167	0.001	0.084	−0.002
房屋所有权状况	−0.005	−0.148	−0.125	0.001	0.128	−0.002
在家使用的语言	0.046	−0.012	−0.115	−0.0004	0.104	0.001
在当前社区居住的时间长度	0.019	0.001	−0.003	−0.0002	−0.003	0.001
每周休闲时间体育活动的频率	0.008	0.024	−0.005	−0.0002	0.010	0.001

注：加粗为 0.05 水平上显著。
来源：作者自绘

过去，许多关于骑自行车对心理健康有益的观点都认为它是一种中等到高强度的身体活动，且身体活动与心理健康之间的关系已经得到了认定。然而，功利主义自行车骑行对心理健康的影响机制远不止如此。例如，骑自行车作为交通工具，使骑行者能够近距离地接触自然和外部环境，这可以使人们的大脑从压力和疲劳中得到缓解，从而提高人们的情绪。此外，与其他交通方式相比，骑自行车不易受到交通不便的困扰，如道路拥堵、噪声和交通拥挤等，这些都与负面情绪密切相关。此外，作为一种低成本的出行方式，骑自行车可以帮助人们满足生活需求，促进社会互动，从而提高生活满意度。

除了身体活动本身带来的心理健康益处外，功利主义自行车骑行还具有额外的心理健康益处。即使考虑个体的身体活动水平，骑自行车上下班也与较低的感知压力水平之间存在关联。此外，研究者普遍认为，骑自行车作为交通工具的人往往拥有更好的心理健康状况，这可能与他们所处的社区环境的独特特征有关。在考虑了社区的物理环境因素，如地形、绿化覆盖率和人口密度等之后，功利主义自行车骑行仍然与心理健康显著相关。这些发现表明，身体活动水平、身体健康状况和社区物理环境并不能完全解释功利主义自行车骑行对心理健康的影响。未来仍需进一步研究，以探索骑自行车作为交通工具影响心理健康的其他潜在路径。

虽然这项研究发现偶尔骑自行车对心理困扰和生活满意度的影响在统计上并不显著，但这并不意味着偶尔骑自行车对心理健康没有益处。心理困扰和生活满意度都属于心理健康的认知维度，这可能需要持续和长期的自行车骑行才能产生显著影响。例如，对伦敦通勤者的研究发现，骑自行车上班与更高的生活满意度和更低的精神痛苦没有显著关联；然而，在英国剑桥工作的通勤者中，那些在一年内坚持骑自行车上下班的人报告了更好的心理健康状况。另一方面，偶尔骑自行车可能有助于产生积极的影响，这是心理健康的另一个方面。以通勤和其他交通为目的的自行车骑行经常被发现与积极的情绪和情感有关。除了锻炼身体的好处，偶尔骑自行车作为交通工具也应该被鼓励作为一种健康的生活方式。

关于功利主义自行车骑行对精神痛苦的影响，有一种假设认为，频繁的自行车骑行作为交通工具可能与更严重的痛苦有关。这是因为骑自行车的人往往是社会经济地位较低的人，他们更有可能是"被迫选择"，而不是"主动选择"自行车模式的用户，因此更频繁地骑自行车可能会导致更严重的痛苦和抑郁。此外，积极出行的频率对减轻抑郁症严重程度的影响存在一个最佳点，即一定活动量的骑行才是有好处的。然而，本研究的结果似乎并不支持这些假设。本研究发现，更频繁地骑自行车出行对精神压力水平的影响更大。这可能与澳大利亚自行车骑行者的社会人口特征有关。和美国的自行车骑行者一样，澳大利亚的自行车骑行者往往很富裕，受教育程度也很高。根据本研究的数据，经常骑自行车出行的人，他们的平均收入和受教育水平明显高于不骑自行车的人，但低于偶尔骑自行车出行的人。这表明，在维多利亚州，经常骑自行车出行的人更有可能是"有选择的"用户，而不是"被迫的"用户。此外，由于本研究对骑行频率的测量不能精确地量化骑行的强度，需要更多的研究来检验剂量—反应以及骑车作为交通工具与心理健康之间可能的非线性关系。

这些发现对政策制定具有重要意义。在制定积极出行政策时，应充分考虑骑自行车的心理健康益处。如果更多的研究能证实这项研究的发现，那么定期骑自行车作为出行方式将有望成为改善心理健康问题的一个有效手段。心理健康问题在澳大利亚日益受到关注。根据澳大利亚统计局2018年的国家健康调查，近五分之一的澳大利亚人患有精神或行为疾病，约13.1%的澳大利亚人患有焦虑相关疾病，约10.4%的澳大利亚人患抑郁症或有抑郁感。骑自行车作为交通工具可能成为解决这一问题的策略之一。先前的研究提出，需要采取不同的干预措施来鼓励功利主义自行车骑行和更频繁地以交通为目的自行车骑行。在正式目标方面，这些干预措施应侧重于建立专用的自行车基础设施，以及实施旨在提高对环境认知和自行车态度的教育和社会营销计划。对于后一个目标，提高便利设施的可达性更为重要。考虑到澳大利亚城市普遍存在的扩张和低密度土地使用，为居民提供有效的交通通道是一大挑战。在澳大利亚的主要城市中，许多中郊区和远郊地区交通不便，仅靠自行车上下班和处理日常事务并不现实。因此，整合土地利用和交通是提高可达性的关键。在区域层面，多中心的城市空间结构将有助于创造平衡的工作住房比例，从而增加就业机会。此外，构建自行车走廊，如连接住宅和主要就业中心的自行车高速公路，将鼓励更多人选择骑自行车上下班。在社区层面，20分钟社区将提高当地的可达性。社区层面的自行车基础设施应侧重于创建一个专用的、低压力的自行车路线网络，并将这些路线连接到中转站和其他当地服务。

第三节　幸福城市的构建与积极交通的角色

积极交通出行与幸福城市的构建紧密相关。通过鼓励步行、推广公共交通，城市规划者和管理者能够为居民创造更宜居、更具社会活力的环境，从而提升他们的幸福感。为了实现这一目标，不仅需要城市规划者的深思熟虑，也需要社会各界的共同努力和参与。为了更全面、深入地理解积极交通对城市幸福感的贡献机制，我们需要进行更深入的研究和探索，从而为城市规划和建设提供更为科学、人性化的指导，帮助我们构建一个积极、健康、幸福的城市未来。

一、积极交通对构建幸福城市的效益及作用路径

积极交通对于构建幸福城市具有重要价值。它不仅对社会效益、经济效益和健康效益产生正反馈，并且也对升级和打造以人为本的交通体系起到积极促进作用。积极交通不仅关乎个人的健康和幸福，它还对整个社会的发展和进步起着积极的推动作用。推广积极交通出行，有助于推动城市交通系统向更加高效、清洁、安全、健康、友好和包容的方向转型。

具体而言，积极交通能够通过以下几种途径影响幸福城市的构建：①增加出行者的体力活动时长，提升他们的身体健康水平；②增强城市居民的社会参与和社区凝聚力，促进邻里互动和社会资本的形成，提高城市治理水平和居民归属感，并有益于居民的精神状态；③衔接公共交通系统，减少私家车的使用，提高城市居民的出行效率和便利性，减少拥堵和停车难题，节省出行成本和时间，提升城市运行效率；④促进时间的高效和多样化使用，例如通过街边的绿化步道等，将通勤转化为娱乐活动，丰富城市居民的文化体验和休闲选择，激发城市活力和创意，提升城市文化品位和居民生活品质；⑤减少空气和噪声等污染并降低碳排放，改善城市环境质量，促进城市可持续发展。

第一，身体健康是影响主观幸福感的主要因素，因此出行方式对身体健康的

影响，是它影响主观幸福感的重要潜在途径。根据2009—2017年英国家庭调查的纵向数据，如果出行时间每增加10分钟，那么健康自评分数就会下降0.41分。这一影响是累积的，也就是说，长期的出行体验相比单一的出行事件更能影响健康状况[14]。在更长的时间尺度观察发现，出行距离与缺乏身体活动、超重和睡眠不安之间存在不良关联，而出行对身心健康的影响主要是通过感知压力来介导的。一方面，睡眠的充足与否直接关系到主观幸福感的高低，而增加运动量能够有效提升睡眠质量。因此，虽然通常认为通勤时间增加与睡眠时间减少有关，但是如果提升积极交通在长通勤中所占的比例，就能够帮助人们释放压力，进而有助于更好地入眠。另一方面，相比于私家车出行，步行、骑自行车或使用公共交通工具的通勤者的体力活动量更大。通过对比模式变化导致的体力活动增加（或减少）与其他活动领域中相应的体力活动增加（或减少），研究发现积极出行的时长变化与整体体育活动的变化之间存在一定的正相关关系[15]。具体而言，与开车出行的参与者相比，步行上班的参与者在工作日的体力活动量比其他群体高出45%，较高强度活动时间高出近60%，但周末体育活动和工作日久坐时间没有差异。骑自行车的通勤者平均每周骑自行车3.1小时，这使得他们与骑摩托车的通勤者相比，每周的体育活动时长增加了2.1小时。当自行车通勤时间每周增加1小时，通勤者每周平均额外体育活动也增加0.5小时。当然，未来对于积极出行与体力活动之间的交互关系，以及它们如何影响人群的工作效率、屏幕使用时间等方面，还需要进一步深入研究。

第二，提升城市交通系统的效率是关键，而积极交通与公共交通的整合成为研究热点。许多国家在其发展纲要中明确提出，未来交通系统将主要转向公共交通的建设。例如，新加坡在2008年制定的《陆路交通发展总体规划2040》①中明确提出，到2020年要实现85%的公共交通使用者可以在60分钟内到达目的地，而公共交通出行的平均全程时间要降到私家车平均行程时间的1.5倍以内。同样，美国交通运输部在《美国公共交通合作研究计划》②中也设定了公共交通的发展目

---

① 来自于新加坡陆路交通管理局发布的《陆路交通发展总体规划2040》(*Land Transport Master Plan 2040*)，资料参见 https://www.lta.gov.sg/content/ltagov/en/who_we_are/our_work/land_transport_master_plan_2040.html。
② 来自于美国交通运输部发布的《美国公共交通合作研究计划》(*Transit Cooperative Research Program*)，资料参见 https://www.apta.com/research-technical-resources/tcrp/。

标,明确公共交通"门到门"出行的全程时间需要控制在私家车出行的 1.5 倍范围内。然而,仅依赖公共交通来实现"门到门"的交通是不现实的,积极交通在其中扮演着不可或缺的作用。

第三,积极交通能够灵活地满足人们因想法变化而产生的需求改变。从心理地理学的视角来看,出行活动范围可以分为有限的边界与无限的边界,即人们想要活动的范围、实际能够活动的范围以及实际的活动范围。积极出行在这一点上具有相对的灵活性和可变性,能够一定程度上扩大计划外的临时可活动范围,使人们的想法和实际出行活动更加一致,从而提高人们的幸福感。

第四,使用积极交通还能够缩短人们对于时间长度的感知,从而提升出行体验。出行过程中的感知包括情绪、压力、身体疲惫度与时间长度感知等,其中,时间感知对出行体验的影响至关重要。对于城市通勤者,特别是使用公共交通的人来说,一次出行可能包含多个换乘阶段。根据 Fraisee 的时间感知原则[16]:同样时间长度,分割开的时间比持续的时间在感知上要更长;分割次数多的时间比分割次数少的时间在感知上要更长;两段总长相同的间隔时间,均匀分开的间隔时间比不规则分开的间隔时间在感知上更长。这意味着多次换乘会让人感觉行程时间更长。将积极交通与公共交通整合,有利于将出行时间划分为不规则长度的时间间隔,同时减少等待时间,让行程变得更加连续,使得出行者的时间感知变得更短。此外,多重时间使用(Polychronic Time Use)会让人感觉时间过得更快。因此,积极交通是提升幸福感和出行体验的有效方式。在积极交通出行过程中,人们还可以锻炼身体、欣赏风景等,这也是为什么超过 50% 的人认为共享单车骑行是一种休闲娱乐活动。

第五,交通环境质量对个体幸福指数产生影响,而促进积极交通模式的使用则有助于减少全球碳排放并带来实质性的环境效益。我国大多数城市面临空气污染问题。这种与城市化相伴的环境污染问题广泛存在,严重影响了人们的主观幸福感。交通运输是全球能源消耗和二氧化碳排放增长最快的部门,尤其是在城市地区,而积极交通为这一趋势提供了有效的缓解方案。尽管自行车的碳减排系数功能单位可能随出行距离波动,但其环境效益不容忽视。根据生命周期分析理论(Life Circle Assessment),一辆自行车的全生命周期碳足迹为 34.56 千克 CO_2[17],而一次共享单车出行可以减少约 80.77 克碳当量的温室气体排放[18](图 6-3-1)。此外,积极交通相比于其他交通方式,其空气污染暴露和噪声污染暴露较低,有助于提升个体身心健康以及出行满意度（图 6-3-2）。实际上，出行微环境指对乘客的健康、舒适或瞬间情绪产生影响，包含自然环境（噪声、空气质量、温度和相对湿度等因素）和人为环境（拥挤度和负荷度等）。研究表明，自行车骑行者吸入的 PM_4（即直径小于等于 4 微米的细颗粒物）总量远低于公交车乘客的水平，而骑车和步行所接触的噪声污染水平也与私家车类似，同样低于公共交通方式[19]。使用积极交通的个体出行污染暴露水平对出行满意度的影响较小[20]。这些证据进一步强调了积极交通在改善个体出行微环境、提升幸福感和出行满意度方面的优势。

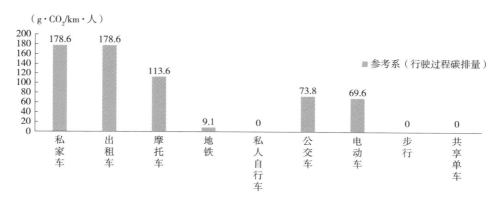

图 6-3-1　不同交通方式的碳排放因子参考值
来源：根据柴彦威《空间行为与行为空间》一书相关章节改绘

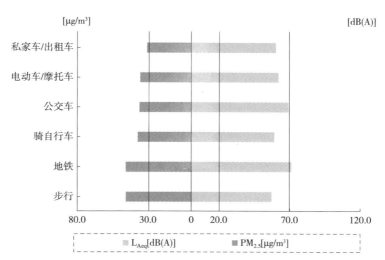

图 6-3-2　各交通方式的平均 $PM_{2.5}$ 和噪声暴露情况
来源：作者根据参考文献 [20] 绘制

总的来说，积极交通方式的推广体现了效用理论中追求最优化的核心思想。通过选择环保、健康、高效的交通方式，个体在多个维度上实现了效用的提升，这符合效用理论中寻求最优决策的原则。这不仅为城市交通规划提供了坚实的理论基础，同时也为个体出行决策提供了有益的指导，促使人们更加明智地选择那些能同时提升个人和社会福祉的交通方式。

二、从积极交通视角看待通勤的定位转变

根据调查，通勤是人们日常最厌恶的活动之一。因此，如何通过积极交通改变人们对于通勤的看法，是构建幸福城市的关键一环。

第一，积极交通对人们的情绪压力和通勤认知评价具有直接影响。一项超过40000个英国家庭成员的使用跟踪数据的研究显示，步行或骑自行车上班的人不会像其他通勤者那样报告闲暇时间满意度的降低，即使他们的通勤时间相同[21]。这是因为积极通勤所带来的身体活动与更积极的情绪有关，从而提高了满意度。同样地，针对加拿大蒙特利尔通勤者的研究表明，骑自行车上班的人在工作时比使用其他通勤模式的人更有可能保持精力充沛[22]。

第二，积极通勤不仅有益于身体健康，还有助于提升工作表现。从理论上看，锻炼有助于个人资源（例如身体能量、自我效能感和掌控力）的发展，而这些资源在不同活动中具有持续性，即在通勤中累积的资源能够在后续工作时发挥作用。因此，积极交通通过加强从通勤到工作环境的个人资源的开发和应用，可能对工作表现（例如工作绩效）产生积极影响。与使用其他通勤方式的人群相比，这种强化可能会减少由通勤引起的其他损害。此外，积极交通通过影响通勤满意度和个人健康，从而对工作表现产生正向影响[23]。这是因为步行或骑自行车上班的人通常比开车和乘坐公共交通的人对通勤更满意，因此积极通勤的员工在工作能力方面通常优于非积极通勤的员工。积极通勤还能够降低感知通勤压力。这种压力可能源自拥堵、拥挤和行程的不可预测性。同时，通勤模式通过准时性、可达性等影响个体的缺勤和迟到行为。由于积极交通在可靠性和准时性方面表现优于私家车和公共交通，因此它对员工的准时出勤起到积极作用。使用积极交通模式通勤的员工通常表现出更高效的工作和组织行为。由于积极交通会通过健康、个人资源的积极溢出和减压来影响工作绩效，因此在通勤中鼓励积极交通的使用能够改善人们对通勤的看法。

第三，通勤的"溢出效应"表明，增加积极出行在长通勤中的占比，可以减少长通勤对后续活动的负面效应，使通勤从消耗性活动转变为恢复性活动。研究表明，通勤体验会"溢出"到随后的工作和家庭生活中，并在三个时间范围内影响主观幸福感，包括旅途中的影响、在出行后的即时（短期）影响以及长期影响。因此，从另一个角度来看，通勤可以被视为一种恢复活动，有助于促进通勤者从工作状态中恢复过来。以往的恢复研究将恢复区分为恢复体验（如在空闲时间里有什么心理状态）和恢复活动（如员工在空闲时间里做什么活动），并认为恢复活动是恢复体验的形成基础。通勤通过放松（Relaxation）、分离（Detachment）、掌控（Mastery）和心理解脱（Psychology Detachment）影响员工的恢复状态[24]。心理解脱指员工停止思考工作和工作相关的问题与事务，放松体验指员工降低身心系统激活水平并增加积极情绪体验，分离指员工在非工作领域寻获挑战经验和学习体验，掌控指员工在空闲时间中充分体验到自主性。通常，上班通勤时间与下班通勤时间是不对称的，而在下班通勤过程中使用积极交通，更有利于将通勤转变为恢复性活动。这是因为下班通勤作为工作与家庭边界的过渡带，包括时空方面的转换、社会关系和社会网络的转换以及心理策略的重新组合。通过充分利用积极交通，将通勤过程转变为身份角色的转变过程（如父母与孩子一同骑车上下学等），可以提升家庭和睦度，从而提高主观幸福感。

第四，积极交通中包含的多样化活动可以有效地改善人们对通勤的认知。在通勤出行过程中，人们可以从事多种活动，这些活动可以分为四个维度：放松活动（Relaxing Ativity）、社交活动（Social Activity）、认知活动（Cognitive Activity）和身体活动（Physical Activity）。放松活动指通勤过程放松身心、舒缓压力的活动，如发呆、冥想、闭目养神、小睡、听音乐、看视频等。这些活动有助于缓解工作带来的紧张情绪，让人在通勤过程中得到短暂的休息和恢复。社交活动是指通勤过程中与他人交流的活动，包括面对面交谈、通过手机或互联网与家人或朋友交流，甚至与同事交流非工作话题。这样的社交互动有助于增进人际关系，增强社交支持系统。认知活动则是指那些需要投入注意力但有助于思维恢复的活动，例如学习外语、读书看报、发掘沿途新鲜事物、做智力游戏、写作等。这些活动能够刺激大脑，提高认知能力，同时也可以激发创造力和想象力。最后，身体活动是指通勤过程中进行的有助于身心恢复的生理运动，例如步行、走楼梯、骑自行车、小跑等。相比私家车和公共交通，积极交通提供了更有利于这些活动开展的微环境。因为积极交通通常是在一个开放的公共环境中进行，它不断变化的环境和多样的出行方式为人们提供了更多的选择和机会，让通勤过程变得更加有趣和有意义。

三、"X 分钟"生活圈倡导下的交通圈构建

目前，许多国家和城市都在倡导构建"以人为本"的多元化城市生活圈。这是一种以人的活动和需求为核心，通过空间建设和政策予以支持的全新尝试。生活圈构建凸显"社区+"理念，通过建立宜居、宜业、宜游的生活网络，优化城市生活圈的边界，匹配地区和社区事权管理范围，提升管理绩效，完善全域全龄段全能化生活服务内容。此外，生活圈构建还强调培育文脉精神，加强生活圈文化活动的培育和品牌塑造等。城市生活圈的规划建设是提升市民幸福感、获得感、归属感、安全感的重要空间载体，也是践行城市总体规划要求的直接窗口。生活圈的提出，探讨了城市规划和建设中的人性化设计，以满足市民的多元化需求，提升城市的宜居性和可持续性。

从出行的角度来看，城市生活圈的构建其实就是出行圈的构建。城市生活圈是根据居民的实际生活需求所涉及的区域，以居民的生活居住地为圆心，涉及人、事、物以及生活配套设施与服务。城市生活圈的具体概念内涵，根据其服务理念和服务内容的差异性，可以从时间维度、空间维度、功能维度进行划分（柴彦威等，2015）。在时间维度上，生活圈的提法实质上就是基于某类交通工具使用来界定生活圈服务设施的辐射范围。目前，全球范围内有许多城市在生活圈规划方面具有代表性。例如，澳大利亚墨尔本的"20 分钟生活圈"、韩国首尔的生活圈层次规划、日本熊本的生活圈层级优化、瑞典的"1 分钟城市"更新建设实践等（表 6-3-1）[25, 26]。在中国，"15 分钟生活圈"的概念逐渐兴起，意味着市民可以在 15 分钟内步行或骑行到达满足日常生活需求的各类服务设施，如学校、医院、商场和公园等。这些案例从不同角度展示了城市生活圈规划建设的经验和启示，如营造宜居城市、促进城市均衡发展、优化服务设施层级、让城市生活更有温度等。

幸福城市的构建与生活圈的打造紧密相连，而生活圈的构筑又离不开积极交通的支持。第一，从健康和环境角度来看，通过精心设计和规划生活圈，可以鼓励居民更多地采用步行和骑行等积极交通方式，减少对机动车的依赖。这不仅可

现有城市生活圈规划总结　　　　　　　表 6-3-1

城市规划要点	澳大利亚墨尔本规划	韩国首尔规划	瑞典"1分钟城市"	法国巴黎"15分钟城市"	中国上海总体规划纲要	中国成都社区发展理念
生活圈范围	20 分钟生活圈	大生活圈（50 万~300 万人）和小生活圈（5 万~10 万人）	街道层面	15 分钟步行可达	步行 15 分钟步行可达	15 分钟社区生活服务圈
核心要素	足够的人口吸引商业与服务业发展、营造优良的步行环境、提供公共中心区域、鼓励小批量建设项目	规划设计策略和方法、消除地区间不均衡、实现职住平衡	打造街道公共空间、邻里空间、口袋公园、便民广场、商业广场	限制机动车、减少路边停车位、鼓励步行和骑行等低碳出行方式、挖掘公共空间潜能	无障碍步行系统、社区居民需求调查、公众和社区规划师同步参与机制	打造社区生活服务、实践"300 米见绿、500 米见园"、法律顾问全覆盖、鼓励高校院所面向开放培训资源、将当地文化深度融入社区建设和居民生活
政府支持政策	在生活圈周边审批更多的住宅用地和多用途用地	提供更多住房选择、提供便利的公共交通	由政府出资	夜间开放公共场所、提供夏日"纳凉地图"	政府支持、国家资金	构建以职能归位为重点的联动推进机制、完善"一核多元、共治共享"机制、完善扶持社会发展组织机制、健全促进社会人才发展机制、健全社区发展治理多元投入机制

来源：作者自绘

以改善居民的健康状况，还有助于提升城市生活环境。第二，在出行效率和便利性方面，合理的生活圈规划可以使居民通过步行或骑行轻松抵达所需的各类基本服务设施（如商店、医院、学校等）。这不仅简化了出行过程，还使得居民能够更加便捷地满足日常需求，提高了生活效率。第三，在社会参与和社区凝聚力方面，通过鼓励居民在社区内进行步行或骑行，并配套提供优质的公共交通服务，我们可以促进邻里间的互动，增强社区凝聚力。第四，在文化体验和休闲选择方面，生活圈的规划可以将各类文化设施（如图书馆、博物馆、公园等）纳入社区范围，并提供便捷的步行或骑行路径连接这些设施。这使得居民能够更方便地享受文化娱乐活动，丰富精神生活，提升生活质量。因此，将积极交通与生活圈规划相结合，有益于打造更加宜居、宜业、宜游的幸福城市。

然而，通勤时间对于不同人群的耐受性因社会属性而异。因此，为了满足各类人群的需求，生活圈的打造应充分考察差异化的交通圈需求，尤其关注女性、老年人、残障人士等弱势群体。研究显示，女性的通勤时间往往更短，但性别平衡在工作时间和工资方面的实现可能会导致女性的通勤时间延长，甚至超过男性。长途通勤虽然有助于提高职业和收入，但对男女来说并不是平等的，因为男性通常能够从长途通勤中获得更多职业机会和回报。相比之下，女性可能面临更大的通勤压力，并且更容易受到通勤压力因素的影响。较长的通勤时间对女性心理健康的危害大于男性，且对于女性身体健康的负面影响也更加显著。总之，性别限制了女性的出行时间和工作时间，但是复杂的活动模式反过来又鼓励女性在日常生活中以更有效的方式组织她们的出行。此外，根据欧盟统计局[27]的数据，通勤时间在不同年龄群体中也存在显著差异。在长通勤者中，年龄较大的工人通勤时间通常比年轻人更长。与此同时，随着年龄的增长，工作满意度往往会上升。受教育程度也对通勤时间和收入产生影响，受教育程度低或中等的人往往有更长的长途通勤时间和更少的收入。当考虑单位和就业状况时，用人单位决定员工的加薪幅度和工作模式，而就业状况决定了个人是否可以获得一系列额外的非货币性福利，如购物礼品卡、自助餐厅津贴和福利住房。这些都可能会提升长期雇员的工作满意度，并影响他们对通勤时间的耐受度。此外，值得注意的是，在打造生活圈时，应充分考虑不同交通模式出行的人群需求和行为特点。例如，对于步行换乘的乘客，路程时间是一个关键因素；而对于共享单车的乘客，寻找可用自行车的时间成本和交通信号灯的延误更为重要，因此，在规划生活圈时，应根据不同交通方式的特点进行差异化考虑，以满足各类人群的需求。

总之，通过规划实践实现城市规划、积极交通出行、主观幸福感提升的路径是一个复杂而关键的任务。第一，城市规划应当注重积极交通出行的一体化设计，以提高城市居民的出行体验和幸福感。这包括设计鼓励步行、骑行的绿道和人行道设计，确保公共交通系统的便捷性，以及合理设置社区内的出行服务设施。规划应以居民的实际需求为导向，利用科技手段提供实时信息，优化交通流动，减少拥堵，提高整体出行效率。第二，城市规划要注重创造多功能城市空间，使居民在出行过程中能够体验到更多的文化、社交和娱乐活动。城市空间设计应鼓励步行或骑行，使通勤过程成为一种愉悦的体验。合理规划绿道、公园、文化中心等设施，为居民提供更多选择，满足他们对多样化、有趣的城市生活的需求。第三，城市规划需要推动可持续出行方式，减少对私家车的依赖，提高城市的可持续性。这包括建设更多的自行车道、电动汽车充电站，支持共享出行模式，如共享单车、顺风车等。同时，规划要注重提高公共交通的质量，使其成为市民的首选出行方式。通过这些措施，可以减少交通污染、改善空气质量，提高城市居民的整体幸福感。第四，城市规划应结合共享单车等系统，提供个性化的出行服务。通过智能交通管理系统、出行 App 等工具，居民可以获取实时的交通信息、个性化的出行建议，提高出行的便捷性和满意度。这需要城市规划者与科技公司、交通运输部门等合作，共同推动数字技术在城市规划中的应用。在这一路径中，城市规划、积极交通出行和主观幸福感的提升相互交织、相互影响。城市规划者、政府、企业和居民共同参与，推动城市朝着更加宜居、便捷、绿色的方向发展，以实现城市幸福感的全面提升。

本章参考文献

[1] CLOUTIER S, PFEIFFER D. Sustainability through happiness: A framework for sustainable development [J]. Sustainable Development, 2015, 23 (5): 317-327.

[2] DIENER E, SUH E M, LUCAS R E, et al. Subjective well-being: Three decades of progress [J]. Psychological Bulletin, 1999, 125 (2): 276-302.

[3] FREY B S, STUTZER A. Happiness and economics: How the economy and institutions affect human well-being [J]. Times Literary Supplement, 2003, 159 (2): 28.

[4] 邢占军. 中国城市居民主观幸福感量表的编制研究 [D]. 上海: 华东师范大学, 2003.

[5] 顾楚丹, 王丰龙, 罗峰. 中国城乡居民幸福感的差异及影响因素研究 [J]. 世界地理研究, 2021, 30 (1): 179-191.

[6] ETTEMA D, GäRLING T, OLSSON L E, et al. Out-of-home activities, daily travel, and subjective well-being [J]. Transportation Research Part A: Policy and Practice, 2010, 44 (9): 723-732.

[7] ATKINSON P, DELAMONT S, HOUSLEY W. Contours of culture: Complex ethnography and the ethnography of complexity [M]. Lanham: Altamira Press, 2007.

[8] ALDRED R. 'On the outside': Constructing cycling citizenship [J]. Social & Cultural Geography, 2010, 11 (1): 35-52.

[9] WANG X, CONWAY T L, CAIN K L, et al. Interactions of psychosocial factors with built environments in explaining adolescents' active transportation [J]. Preventive Medicine, 2017, 100: 76-83.

[10] Social Exclusion Unit. Making the connections: Transport and social exclusion interim findings from the social exclusion [R]. London: Cabinet Office of England, 2003.

[11] BONIFACE S, SCANTLEBURY R, WATKINS S J, et al. Health implications of transport: Evidence of effects of transport on social interactions [J]. Journal of Transport & Health, 2015, 2 (3): 441-446.

[12] MA L, YE R, WANG H. Exploring the causal effects of bicycling for transportation on mental health [J]. Transportation Research Part D: Transport and Environment, 2021, 93: 102773.

[13] MA L, YE R. Utilitarian bicycling and mental wellbeing: Role of the built environment [J]. Journal of the American Planning Association, 2022, 88 (2): 262-276.

[14] DIEBIG M, LI J, FORTHMANN B, et al. A three-wave longitudinal study on the relation between commuting strain and somatic symptoms in university students: Exploring the role of learning-family conflicts [J]. BMC Psychol, 2021, 9 (1): 199.

[15] GOODMAN A, PANTER J, SHARP S J, et al. Effectiveness and equity impacts of town-wide cycling initiatives in england: A longitudinal, controlled natural experimental study [J]. Social Science & Medicine, 2013, 97: 228-237.

[16] FRAISSE P. Perception and estimation of time [J]. Annual Review of Psychology, 1984, 35: 1-36.

[17] CHEN J, ZHOU D, ZHAO Y, et al. Life cycle carbon dioxide emissions of bike sharing in china: Production, operation, and recycling [J]. Resources Conservation and Recycling, 2020, 162: 105011.

[18] LI A, GAO K, ZHAO P, et al. High-resolution assessment of environmental benefits of dockless bike-sharing systems based on transaction data [J]. Journal of Cleaner Production, 2021, 296: 126423.

[19] 刘冠秋, 马静, 柴彦威, 等. 居民日常出行特征与空气污染暴露对出行满意度的影响——以北京市美和园社区为例 [J]. 城市发展研究, 2019, 26（9）: 35-42, 124.

[20] MA J, LIU G, KWAN M P, et al. Does real-time and perceived environmental exposure to air pollution and noise affect travel satisfaction? Evidence from Beijing, China [J]. Travel, Behaviour & Society, 2021, 24: 313-324.

[21] CHATTERJEE K, CLARK B, DAVIS A, et al. The commuting and wellbeing study: Understanding the impact of commuting on people's lives [R]. Bristol: Uiversity of the west of England, 2017.

[22] LOONG C, VAN LIEROP D, EL-GENEIDY A. On time and ready to go: An analysis of commuters' punctuality and energy levels at work or school [J]. Transportation Research Part F: Traffic Psychology and Behaviour, 2017, 45: 1-13.

[23] MA L, YE R. Does daily commuting behavior matter to employee productivity? [J]. Journal of Transport Geography, 2019, 76: 130-141.

[24] VAN HOOFF M L. The daily commute from work to home: Examining employees' experiences in relation to their recovery status [J]. Stress Health, 2015, 31（2）: 124-137.

[25] CHAU H W, GILZEAN I, JAMEI E, et al. Comparative analysis of 20-minute neighbourhood policies and practices in melbourne and scotland [J]. Urban Planning, 2022, 7（4）: 13-24.

[26] POZOUKIDOU G, ANGELIDOU M. Urban planning in the 15-minute city: Revisited under sustainable and smart city developments until 2030 [J]. Smart Cities, 2022, 5（4）: 1356-1375.

[27] EUROSTAT. Annual activity report 2019 [R]. Brussels: European Commission, 2019.

第7章

城市积极交通出行公共政策干预的国际经验

第一节　健康城市：推动全民步行与骑行的国家措施
第二节　活跃校园：促进儿童积极通学的实践项目
第三节　还路于人：宜居社区的机动车限制策略

城市交通是现代城市生活的核心，也是推动城市可持续发展的关键。然而，交通问题，包括交通拥堵、空气污染、碳排放和道路安全等，正逐渐成为全球各大城市面临的挑战。为了应对这些问题，全球各地的城市纷纷推出了一系列措施，以提升步行和自行车骑行的便利性和安全性，鼓励更多人选择这些可持续的交通方式。这些政策的核心在于确保不同人群的需求得到满足。这意味着基础设施的设计和政策的制定应具有包容性，以确保城市出行方式对所有人都更加友好和便捷。

国家级的积极交通出行项目对于支持成人和儿童的积极出行具有深远的影响。特别是在支持儿童积极出行方面，这些项目不仅能对儿童身体活动、心理健康和知识学习等产生积极影响，而且从长期来看，还有助于优化社区的儿童友好性基础设施。教育和培训也是促进积极交通方式的重要手段，专业的基础知识和技能培训是推广这种出行方式的基础。社区的参与可以为积极交通出行活动提供资源支持，并从根本上改善社区的形态。游戏化的活动对于促进积极交通出行具有显著的效果，富有乐趣和令人自豪的游戏活动有助于激发儿童参与积极交通方式通学的兴趣。

本章将详细介绍国际上一些成功的实践案例和政策干预，探讨如何通过改善步行和自行车出行的条件，以及如何鼓励居民采用这些环保出行方式来解决城市交通问题。这些政策干预涵盖了多个领域，从基础设施建设到教育培训、社区参与和综合规划等。通过研究全球范围内的政策和实际案例，可以为城市规划者和政策制定者提供宝贵的经验，帮助他们创建更宜居、更可持续的未来城市。

第一节 健康城市：
推动全民步行与骑行的国家措施

在构建健康城市的过程中，推动全民步行和骑行是至关重要的城市规划和交通政策，它对居民健康、环境保护和社会治理方面均具有多重益处。政府在推动全民步行和骑行方面可以通过一系列政策措施发挥关键作用。这些策略包括：规划和投资改善步行和骑行基础设施；采取交通管理措施，如限速、交通安全法规、停车政策等；鼓励城市和社区的用地混合，使人们更容易步行或骑自行车到达工作场所、商店和娱乐设施，以减少通勤距离；鼓励非机动出行，开展交通教育和宣传活动，以提高公众对步行和骑行的认识和安全意识；采取激励措施，如提供骑自行车的税收优惠、步行和骑行奖励计划等，鼓励人们采用非机动交通方式；定期监测步行和骑行的数据和趋势，并进行评估政策和基础设施改善的效果等。通过以上措施，管理部门可以创造更健康、更环保、更可持续的城市，减少交通拥堵和空气污染，提高居民的生活质量。在执行过程中，这些政策需要综合规划和跨部门合作才能实现最佳效果。

一般来说，这类政策通常旨在同时促进包含步行和骑行的综合积极交通出行。由于步行和骑行之间存在很多共通的需求和相互关联的因素，如基础设施建设和教育宣传普及，因而综合政策更有可能在城市规划和交通改善中产生综合性的效果，同时提高步行和骑行的可持续性和吸引力。当然，不同国家和地区的地理位置和城市风貌特征各异，因此一些国家可能会制定具有区域特色的专门针对步行或骑行的项目。有鉴于此，本节将相关的积极交通干预计划和公共政策分为三类，包括综合积极交通计划、骑行计划以及步行计划。

一、综合积极交通计划

（一）美国：非机动交通试点计划

在20世纪90年代，美国联邦公路管理局（Federal Highway Administration，

FHWA）曾将自行车和步行称为"被遗忘的交通方式"。尽管社会上已经广泛认识到非机动交通的重要性，但它们在实际操作上多年来一直被联邦、州和地方机构所忽视。即使交通治理的资金投入不断增加，但用于行人和自行车的支出仍然只占联邦交通总预算的一小部分。2009年，联邦援助的地面交通资金中，只有约 2.0% 用于行人和自行车项目和计划。然而，这两种交通方式却占据了几乎 12% 的出行量，并造成了超过 13% 的交通事故死亡人数。

美国国会在 1991 年的《交通和相关机构拨款法案》中委托进行了《国家自行车和步行研究》。同年，《联合式交通运输效率法案》（ISTEA）还授权了数十亿美元的交通资金，可用于各种交通项目，包括改善自行车和步行设施。1998 年，国会通过了《21 世纪交通公平法案》（*Transportation Equity Act for the 21st Century*, TEA-21），该法案是 ISTEA 法案的再授权，覆盖了 1999 年至 2004 年。TEA-21 法案还提供了持续的资金支持，用于各州的"休闲径道计划"，该计划旨在开发和维护休闲径道。

2005 年，国会通过了《安全、负责、灵活、高效的交通公平法案：用户的遗产》（*Safe, Accountable, Flexible, Efficient Transportation Equity Act: A Legacy for Users*, SAFETEA-LU），对联邦交通立法的再授权。该法案旨在覆盖 2005 年至 2009 年的时期，再次增加了对行人和自行车项目改进的资金。此外，SAFETEA-LU 还设立了两个旨在支持非机动交通的新计划：安全上学路计划（Safe Routes to School Program）和非机动交通试点计划（Nonmotorized Transportation Pilot Program, NTPP）。

非机动交通试点计划的目标是在四个试点地区中推动自行车和步行作为可行的交通方式（图 7-1-1）。该计划旨在展示自行车和步行可以承载重要的交通负载，并代表交通解决方案的主要部分。试点地区分别是密苏里州哥伦比亚市的"GetAbout 哥伦比亚"计划，威斯康星州谢博伊根县的"非机动车出行规划"项目，加利福尼亚州马林县的"WalkBike 马林"计划以及明尼苏达州明尼阿波利斯的"BikeWalk 双城"计划。

四个试点社区涵盖美国各地不同的地理和人口密度特征，从繁华的城市到宁静的乡村小镇都有涵盖。每个社区的核心目标都是让步行和骑自行车变得更安全、更便捷。每个社区在五年内都会获得 2500 万美元的拨款，这笔资金将用于多种活动，从社会营销计划到加强执法、建设步行和自行车设施等。此外，资金还将用于项目评估的数据记录与报告研究。整个项目中，绝大多数的资金（89.2%）用

图 7-1-1 四个试点地区
来源：美国交通部《非机动交通试点计划结果报告》

于基础设施建设，确保步行和骑行的安全与便捷（图 7-1-2）。其次是用于外展、教育与营销项目（7.9%），用于提高公众意识和参与度。其余的资金用于自行车停放设施（2.1%）和规划（0.8%）。除了资助基础设施和非基础设施项目外，每个社区还将预留一部分资金用于评估、信息化支持和项目管理。美国联邦公路管理局（FHWA）为评估工作提供了大约 36 万美元的研究资金。

根据立法要求，该项目需要定期进行评估与报告。为此，FHWA 与试点社区成立了一个由各社区管理机构、政府、交通中心、疾控中心等代表组成的工作组（WG）。WG 开发并实施了项目级和社区范围内的评估方法，以评估非机动投资对出行行为的影响。

对于项目级的评估，每个社区选择了其中一个项目进行深入评估。对于基础设施项目，统计数据显示，在被研究的道路与交叉口区域，全年非机动交通活动用户数量显著增长。除了非机动出行增加外，行人和自行车骑行者的出行速度减缓、安全条件也得到改善。非基础设施项目为数千名参与者提供了培训和宣传，提高了人们对非机动出行问题的认识，并惠及了社区里的所有成员。

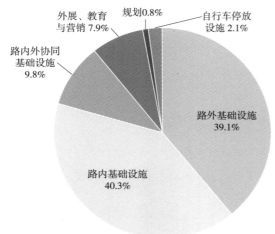

图 7-1-2　不同项目类型的投资占比
来源：作者根据美国交通部《非机动交通试点计划结果报告》改绘

对于社区范围内的评估，根据国家步行和自行车研究计划的方法，统计数据显示，2007 年至 2010 年，每个社区的步行和骑自行车活动都有所增加。在统计地点，步行和骑自行车出行率分别增加了 22% 和 49%。对于大多数社区而言，增加的自行车和步行出行主要用于必要出行，而以娱乐和锻炼为目的的出行也有所增加。

案例 1："WalkBike 马林"计划（WalkBikeMarin）

WalkBikeMarin 是马林县公共工程部的一项倡议，旨在鼓励居民使用步行和骑自行车作为日常出行方式。此举不仅让马林县成为更加健康、宜居的城市，同时也为其环境可持续发展铺平了道路。在计划执行过程中，马林县整合了多个行人和自行车改善项目，并将其纳入名为"WalkBikeMarin"的伞形项目之下，并创建了专门的网站，使公众可以轻松了解和参与到这些项目中。

2005 年，WalkBikeMarin 计划得到了 2500 万美元联邦非机动交通试点计划 (NTPP) 拨款的支持。该试点计划的管理和监督由马林县公共工程部负责。助理总监 Craig Tackabery 和首席交通规划师 Dan Dawson 协调了计划的执行工作。Alta Planning + Design 顾问公司是试点计划初步实施的主要咨询公司。Alta 及其协助顾问团队将该计划分为以下几个关键阶段：

（1）公共宣传

（2）网站开发

（3）公共研讨会

（4）初步的成本计算和可行性分析

（5）项目和项目群的优先级和排名方法

（6）制定基本建设项目和教育/推广计划的推荐清单

随后，为选定的项目签订了设计、环境和工程服务合同。该计划专注于促进骑自行车、步行、乘坐公共交通以及乘坐渡轮，许多基础设施项目提供了安全的非机动交通与公共交通的接驳方案。试点管理者成功地充分利用了数百万美元额外的资源，并取得了显著的地方政策胜利。

大多数Bike/Walk Pilot基础设施项目计划会在2010年完成，但马林县在项目实施早期已经取得了令人瞩目的成就。2007年和2009年的统计数据显示，马林县工作日自行车出行量增加了23%，周末自行车出行量增加了60%，工作日步行出行量增加了13%，周末步行出行量增加了28%。在2008年的一个为期四个月的有针对性的教育/市场营销计划后，对随机选取的索萨利托居民进行的调查显示，骑自行车和步行作为每日必要出行的出行方式的人群增加了12.8%[1]。

（二）加拿大：国家积极交通战略

加拿大的国家积极交通战略（National Active Transportation Strategy）计划是一项宏大的国家级政策倡议，旨在提高步行和骑行的可持续性、安全性和便捷性，减少对汽车的依赖，并改善公共健康和城市环境。该战略的愿景是让每个加拿大人，不论年龄、种族、能力、性别或背景，都能在他们的社区中安全、便捷地选择积极交通方式出行，从而提升积极交通出行的份额。为实现这一愿景，加拿大政府提出了一个框架，称为A-C-T-I-V-E框架，包括六个核心要素（图7-1-3）：意识（Awareness）、协调（Coordination）、目标（Targets）、投资（Investments）、价值（Value）和体验（Experience）。

自2015年以来，加拿大政府已投入大量资金支持积极交通项目。在全国范围内，建设了近650公里的积极交通路线、自行车道和人行道以及休闲路径。此外，超过 2.36 亿加元用于资助全国 300 多个活跃的积极交通项目。2021 年 3 月，加拿大政府宣布设立积极交通基金，这是首个专门用于扩大和加强加拿大各地积极交通基础设施的基金。这一举措在加拿大基础设施资助计划中是前所未有的，因为它首次将焦点完全集中在积极交通上。在此之前，积极交通项目与其他基础设施建设计划（如公共交通和绿色基础设施）在同一资金池中竞争。所有资金申请都将根据其推动各自社区积极交通的潜力进行评估。这包括多用途道路、自行车道、人行天桥、新照明和寻路标牌等资本项目，以及规划和设计的成本、教育、外展

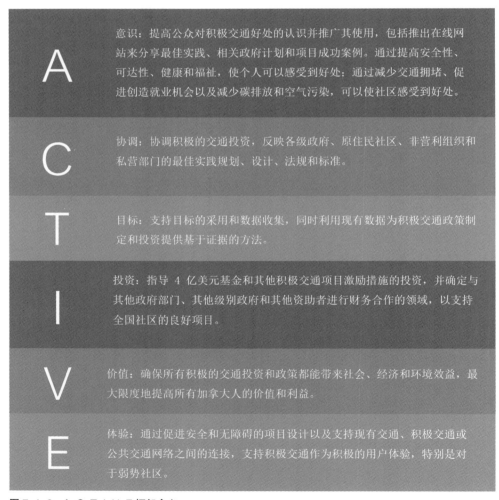

图 7-1-3　A-C-T-I-V-E 框架含义
来源：作者根据加拿大政府官网信息改绘

计等等，旨在帮助社区为主动交通创造必要环境。这六个框架都与具体的实施措施相对应（表7-1-1）。这一战略不仅关注硬件设施的建设，更重视提高公众意识、加强协调合作、设定明确目标、进行投资、强调价值以及提升用户体验等全面性的实施策略。

国家积极交通战略 A-C-T-I-V-E 框架对应措施　　　　表 7-1-1

战略	措施
意识	（1）推出用户友好的国家积极交通在线中心，这是所有积极交通的一站式商店。该网页将定期更新，提供有关积极交通基金和战略的新信息。这将是确保该战略"常青"并适应实际情况的关键组成部分。 （2）承诺将超过 1000 万美元的积极交通基金用于规划和设计活动以及教育、推广和参与。 （3）与合作伙伴合作，支持社区参与和提高认识活动，这些活动将通过积极交通基金提供支持。 （4）为积极交通基金支持的项目制作标志和显示屏，这将有助于提高公众对积极交通基础设施好处的认识
协调	（1）与所有政府部门、原住居民合作伙伴和利益相关者合作，确保政策、规划、设计标准和法规保持一致。这将通过在国家积极交通战略的支持下举行参与会议和持续协调来实现。 （2）通过国家积极交通战略在线中心分享数据和成功案例，扩大加拿大各地正在推进的项目、计划和良好实践的影响范围。 （3）承诺于 2022 年主办加拿大首届积极交通全国峰会，所有政府命令和所有相关部门都将出席。这将提供一个全国性的平台，以咨询、分享和开发最佳实践，以促进加拿大各地区（包括城市、农村和偏远社区）通过积极交通运输人员和货物。 （4）加强支持积极交通运输的联邦合作伙伴之间的整体政府合作，特别是加拿大交通部、加拿大公共卫生局、加拿大环境和气候变化局以及区域发展机构
目标	（1）为研究建立资助机会，为加拿大积极交通奠定数据和知识基础，包括通过知识综合赠款和承诺在 2021 年发起提案征集。凭借对积极交通用户和基础设施的基本了解，我们可以支持制定积极交通的雄心勃勃的目标。 （2）与加拿大统计局合作收集分类数据，以确保对加拿大 AT 的流行率、潜力和安全性进行充分和适当的监测和报告，不仅在大城市，而且在较小的农村和偏远社区以及土著社区。通过这项工作，我们可以更好地审查国家人口普查中包含的问题，从而产生有关加拿大人的出行习惯和需求的更好数据。 （3）支持数据收集工具的开发和使用，例如自动计数系统，这些工具将用于为基础设施投资提供信息，从而促进可持续交通的模式份额增长。 （4）利用数据，包括通过实施积极交通基金收集的数据，持续改进和更有效地规划积极交通基础设施
投资	（1）实施全国首个积极交通基金。 （2）协调跨政府计划的积极交通投资，并通过投资加拿大基础设施计划、积极交通基金、永久公共交通计划、加拿大社区建设基金（前身为汽油税基金）、加拿大健康社区倡议和加拿大健康社区倡议继续投资积极交通项目绿色市政基金、减灾和适应基金、自然基础设施基金。 （3）支持非营利部门发起的基于地方的项目，全国各地的组织正在改善其社区的活跃交通状况

续表

战略	措施
价值	（1）部署未来五年提供的所有积极交通资金，着眼于价值，确保所花费的每一美元都能为社区带来社会和环境效益，同时为加拿大人创造良好的就业机会。欲了解更多信息，请参阅应用指南。 （2）通过监控和公开的报告展示我们计划支持的项目如何推动加拿大积极交通的发展，跟踪我们未来五年的进展。通过跟踪我们的进展，将能够评估如何改进该战略。这将通过加拿大积极交通在线中心的定期更新和改进来传达。 （3）定期更新在线中心，提供加拿大投资基础设施计划和活跃交通基金支持的活跃交通项目目录，通过这些项目向社区传达附加价值，并激发全国各地的新想法
体验	（1）积极交通基金将重点放在互联社区、强大的第一"英里"和最后一"英里"连接以及社会公平上，该基金已拨出总资金的 10% 用于原住民社区的积极交通基础设施。 （2）为设计指南和规划的高级指导提供资源。国家积极交通在线中心将提供资源，帮助指导安全和无障碍积极交通项目的开发，例如加拿大交通部发布的加拿大积极交通资源和规划指南。 （3）将项目规划和设计（包括寻路项目）作为 ATF 下的合格成本，以确保项目从一开始就经过深思熟虑，并支持互联网络，以提高积极交通的采用和积极交通基础设施的使用

来源：作者根据加拿大官网信息改绘

案例 2：适合所有年龄段和能力的自行车道，哈利法克斯，新斯科舍省

在加拿大基础设施投资计划公共交通基础设施项目的支持下，哈利法克斯正在积极推进一个适合所有年龄段和能力（AAA）的自行车网络的建设。该网络旨在建立一个无障碍、安全和便捷的自行车路线网络，鼓励积极出行方式，同时提供更多探索该地区的机会。

目前，该城市正在进行一个全长 30 公里的自行车道和人行道系统的建设工作，许多路段已经竣工，其中包括市中心霍利斯街（Hollis Street）的一段，该路段现在设有受保护的自行车道（图 7-1-4）。这一网络项目是哈利法克斯综合交通计划的关键组成部分，旨在提高主动交通系统的容量、条件和可达性，同时有助于使城市更宜居、更有活力，并朝着可持续发展的目标迈进。

图 7-1-4　哈利法克斯的专有自行车道
来源：参考文献 [2]

> **案例 3：弗洛拉人行桥，渥太华，安大略省**
>
> 随着弗洛拉人行桥的建设完成，渥太华的居民如今可以享受更为安全和便捷的方式来往于市中心社区。这座桥横跨里多运河，旨在改善出行体验（图 7-1-5）。
>
> 弗洛拉人行桥的兴建得到了公共交通基础设施基金的资助，于 2019 年夏季提前投入使用。这座桥不仅缩短了通勤时间，还为附近的学校、工作地点、娱乐设施和购物场所引入了一条专用的积极可持续的交通通道。此外，该桥还加强了与渥太华轻轨网络其他路径的连接，使更多人能够将积极的交通方式融入他们的日常通勤，更轻松地在城市中移动。这一项目的实施为城市的居民提供了更多出行选择，同时促进了可持续的城市发展。
>
>
>
> 图 7-1-5　弗洛拉人行桥
> 来源：参考文献 [2]

二、骑行计划——荷兰"快速自行车道"项目

相较于步行，自行车在城市出行中具有显著的优势。它速度更快，可以覆盖更长距离的出行，为通勤和短途旅行提供了便捷的交通方式。然而，自行车出行也可能面临一些挑战，如易受天气影响以及需要安全和完善的自行车道等。

为解决这些挑战并鼓励更多人选择自行车作为出行方式，全球各国纷纷采取多样化的政策和措施。许多国家大力投资于自行车基础设施，如建设自行车道、自行车桥梁、自行车停车区和自行车信号灯等，以改善骑行条件。这些措施不仅让骑行更加便捷和安全，还成功地鼓励了人们选择骑行作为通勤方式。荷兰、

丹麦、德国等国家以其卓越的自行车网络而闻名，这些网络将城市、市郊和乡村地区紧密相连，为骑行者提供了便捷和安全的通勤途径。

此外，在全球范围内，共享单车计划已经成为促进骑行的重要政策之一。人们使用租赁自行车作为短途通勤和旅行的交通方式，使出行更加便利。例如，中国的共享单车热潮席卷全球，许多国家的城市随后推出了共享单车计划，例如美国的 Citi Bike 和欧洲的 oBike。

一些国家采取政策激励措施，鼓励雇主提供自行车通勤津贴或提供税收激励，以鼓励人们购买自行车。同时，一些城市也通过举办骑行活动和竞赛等方式，提高骑行的可见度和吸引力。此外，举办骑行培训课程、制定安全宣传活动和发布骑行地图等方式，也成为各个国家和城市宣传和鼓励人们骑行的手段。这一系列政策和行动共同推动了骑行在全球范围内的普及和发展。

作为"自行车王国"，荷兰凭借繁荣的自行车文化和发达的自行车基础设施网络闻名全球。荷兰的"快速自行车道"概念起源于 2006 年"通过骑自行车减少交通拥堵（Met De Fiets Minder File）"计划。2008 年，荷兰交通运输、公共工程和水管理部发布了"畅行无阻的自行车道（Fiets Filevrij）"项目，最终使各级政府达成了关于发展快速自行车道的共识。"快速自行车道"项目旨在改进荷兰现有的自行车道，通过消除障碍、提高质量以及积极宣传自行车道等方式，使其在交通拥堵的地区更具吸引力，以鼓励那些住在骑行（通勤）半径内的私家车驾驶者选择骑自行车上班。该项目的最终目标是建立一个连接住宅区和工作区的快速自行车道网络，使距离工作地 15~20 公里范围内的自行车通勤成为可能[3]。

快速自行车道建设包括新建自行车高速公路（新建宽敞的车道基础设施，涂装红色沥青）以及改进现有自行车基础设施的路线（宽度、铺装、通行能力），并补充修复缺失的部分（修复破损或状况不佳的自行车道、建设缺失的自行车道等）。在荷兰，城市之间的自行车道已经基本建成，但通过提升车道质量，这些自行车道网络可以变得更具吸引力，并适用于更广泛的人群。随着电动自行车的普及，人们能够骑行更长的距离，进一步支持城市间的出行。

2010 年，由荷兰政府提供资金支持，第一代快速自行车道正式建成，主要建设地点位于交通拥堵点附近。在"更好地利用（Rijksproject Beter Benutten）"国家项目计划中，快速自行车道建设与自行车促销活动结合，成为重要的实施方法。随着 2013 年未来快速自行车道议程的制定，地方政府开始在项目中扮演更主要的角色。因地制宜地制定计划至关重要,因为荷兰已经建立了出色的自行车基础设施。未来快速自行车道议程详细规划了荷兰如何进一步发展快速自行车道网络。

投资建设的效果是十分显著的。在政府提供的 3100 万欧元资金支持下,目前 25 条快速自行车道已经建成或正在建设。在地方政府与"自行车畅行无阻"项目的合作下,出现了区域自行车道网络,这构成了国家网络的开端。在 2025 年之前,荷兰计划在主要城市地区建设 675 公里的新快速自行车道,投资约为 7 亿欧元。由于荷兰已经拥有健全的自行车基础设施,因此升级现有的城际路线是一种高效且相对经济的方法。

三、步行计划——苏格兰"步行连接"项目

步行是一种成本低廉的交通方式,无需购买和维护自行车,也不需要支付停车费用。它简单易行,无需额外的学习成本,可在任何地方进行,无需特定的基础设施或自行车道。值得一提的是,步行适用于各个年龄段和各种身体条件的人群,包括老年人和行动不便的人。它具有更大的包容性,能够满足不同人群的需求。

步行促进计划和其他综合积极交通项目在许多方面存在共通点,例如基础设施建设和社会活动倡议等关键要素。这些项目的目标在于改善城市的出行方式,提高可持续出行的便捷性和吸引力。然而,在步行友好的计划中,我们还可以看到一些针对特殊人群的具有特色的设计,以确保城市的出行方式对所有人都更加包容和友好。这些特色设计包括:

(1)无障碍设计:为了满足行动不便的人群,步行友好的基础设施通常包括无障碍设计,如坡道、无障碍人行道、触摸型行人信号灯等,以确保对各类人群的行人友好性,包括残疾人和老年人。

(2)儿童友好设计:为了保护儿童的安全,一些计划会特别关注在学校周围和儿童常去的地方设置安全交通设施,确保他们能们安全地步行或骑行。

(3)老年人友好设计:考虑到老年人的行动能力和需求,步行友好的计划可能会采用设计措施,如加宽人行道、提供座椅、改进路口安全等,以方便老年人的出行。

(4)女性友好设计:有些计划还会特别关注女性的安全和出行需求,包括在夜间提供良好的照明、提高公共交通的可用性等。

(5)文化和社交因素:在多元文化社会中,步行友好的计划可能会考虑到不

同文化和社交背景的人群的需求，以确保出行方式的包容性。

在英国，Living Streets 是一个致力于改善英国的街道和社区的慈善组织，旨在鼓励人们更多地步行和采用可持续的交通方式。Living Streets 的使命是创建更加步行友好的城市和社区，提高步行的便捷性和安全性，减少机动车辆的使用，促进健康、减少环境污染，以及改善城市的生活质量。为此，该组织发起了许多公益性的促进积极交通的活动。在苏格兰，Living Streets 发起了步行连接（Walking Connects）项目，该项目致力于吸引老年人参与，通过步行提高其健康水平并增加其社会参与度。

步行连接（Walking Connects）是由国家福利社区基金（National Lottery Community Fund）资助的为期三年的项目。该项目目标为吸引老年人，让他们参与决定街道、空间和步行场所的事项，吸引他们进行步行活动，从而提高老年人的健康水平。通过步行连接项目，老年人能够在社区内保持或变得更加积极活跃，保持社交联系，并积极参与改善每个人的步行环境。

案例 4：邓罗宾花园（Dunrobin Gardens）

邓罗宾花园是 31 名居民的住所，他们居住在庇护住房中。尽管该住区地理位置优越，但在通往设施的终点往往缺乏行人通道，这成为居民访问商店、社区中心和教堂的重要障碍。居民不得不使用更长、绕道的路线，穿过停车场和多坡度的绿地，这使得许多居民，尤其是身体不便的老年人觉得步行或使用机动代步工具出行几乎不可能。因此，多年来居民协会一直寻求提升公民步行前往公共设施的便利性，尤其是能够供使用机动代步工具、步行辅助工具和轮椅的人使用。

在 Living Streets 的支持下，居民与 Trust Housing Association 和北拉纳克郡议会举行了一次利益相关者会议和合作协议的会议，称为代际工作坊。在该会议中，居民确定了街道改进的首要任务是维护不能走出公寓的人的权益。Living Streets 组织了一次与居民和邻近的学校学生的工作坊。讨论得到的计划是：

（1）制定冬季可完成的短期工作时间表，例如清除垃圾，在周边地区添加装饰和铺装。

(2)计划春季的种植,包括种植绿化植被、蔬菜园区和一个多功能温室。

(3)调查新的休憩设施和通道的改进措施,确保每个人都能使用。

2019年3月22日举行了开幕典礼,由一位老年居民Norah Waddell为新建成的大门和小路进行剪彩(图7-1-6)。出席者包括社区居民和社区政府以及当地议员。相关消息登上了当地和国家媒体。开幕典礼后,在杰克逊堂的大厅举行了一个派对。在改造后,居民更容易步行和使用辅助移动设备来进入。

图 7-1-6　步行连接项目剪彩现场
来源:《步行连接评估:小型项目案例研究》

四、影响启发

全民步行与骑行在建设健康城市中扮演着至关重要的角色。国际上对于推动步行与骑行的公共政策干预经验源远流长,这些政策不仅旨在改善居民健康、保护环境,还对社会治理具有深远影响。例如,美国的非机动交通试点计划以及休闲径道计划等,都旨在提高步行和骑行的可行性和安全性,鼓励更多人选择这些交通方式。各国也采取各种政策和措施改善骑行条件,包括建设自行车道、桥梁、停车设施等。这些改进措施提高了骑行的便捷性和安全性，使得骑行行车成为一种可靠的通勤方式。步行作为低成本的交通方式，适用人群广泛，不受年龄和身体能力的限制。城市可以采取步行促进计划，改善基础设施，提高步行的友好性，以满足不同人群的需求。在推动全民步行与骑行时，必须充分考虑老年人和行动不便人群的需求，确保政策与基础设施的设计具有包容性，为他们提供便利。

国际上的这些成功经验为城市规划者和交通政策制定者提供了宝贵的启示，特别是在改善交通方式、促进可持续出行和提高城市居民生活质量方面。通过鼓励步行和骑行，城市不仅能够降低交通污染、减少交通事故，还有助于改善居民的身体健康。同时，这些政策也有助于创建更加包容和友好的城市社区。

第二节　活跃校园：
促进儿童积极通学的实践项目

积极通学（Active School Travel，AST）是指学生在上学和放学时采用人力的交通方式，包括步行、骑自行车、滑板和滑板车等。目前已有大量研究证明，积极通学不仅对儿童的身体健康有益，如增加每日体育锻炼活动、降低肥胖率，还有助于他们的心理健康，如改善认知能力、自尊心和情感健康[4]。除了对儿童本身的影响，鼓励积极通学更能进一步推动塑造可持续的绿色出行习惯，减少交通拥堵和空气污染，促进低碳社会的构建。

然而，在过去四十年中，包括美国、澳大利亚、加拿大和英国在内的一些西方国家，儿童和青少年步行和骑自行车上学的比例显著下降。1969年，美国有40.7%的学生选择步行或骑自行车上学，而到了2001年这一比例下降到了12.9%[5]。在澳大利亚人口最为密集的新南威尔士州，5~9岁和10~14岁的儿童步行上学的比例从1971年的57.7%和44.2%下降到了2003年的25.5%和21.1%，而乘坐私家车上学的比例显著增加。在英国，尽管下降趋势不如其他国家那么明显，但5~10岁和11~16岁的学生步行上学的比例也从1975年的73.5%和53.0%下降到了2001年的54.0%和43.0%[6]。此外，加拿大大多伦多地区的数据显示，1986年至2006年间，11~13岁的儿童步行上学的比例从53.0%下降到了42.5%，而14~15岁的儿童步行上学的比例从38.6%下降到了30.7%[7]。这些国家积极通学比例的下降与儿童超重和肥胖率上升等消极后果之间存在显著关联。

鉴于积极通学能够以相对较低的货币成本和时间成本带来较大的收益，推行积极通学已经成为世界上许多国家的重要政策之一。在这些国家中，丹麦较早开始推行促进积极通学的政策。在20世纪70年代，为了减少道路交通事故导致的儿童死亡率，丹麦第三大城市欧登塞（Odense）启动了名为"安全上学路（Safe Routes to School）"的试点计划。经过二十年的实践，欧登塞受伤的学生人数减少了30%~40%。进一步的研究显示，持续投资步行和骑行基础设施等政策在造福更广泛人群健康方面的回报远远超过了货币投资本身[8]。欧登塞试点的成功促使类似的儿童积极通学政策在全球各个国家的流行，如美国的 SRTS 计划、加拿大的"积极与安全的上学路（Active & Safe Routes to School，ASRTS）"计划、英国的"通学宣言（Traveling to School Initiative，TTSI）"计划以及新西兰的"步行巴士（Walking School Bus，WSB）"计划等。在接下来的内容中，将对具有代表性的政策进行介绍。

一、国家级项目

（一）历史追溯

安全上学路（Safe Routes to School，SRTS/SR2S）计划的核心目标在于提高儿童采用积极交通模式上下学的比率，并始终将保障儿童安全放在首位。这一计划起源于 20 世纪 70 年代中期的丹麦欧登塞市试点项目。在澳大利亚，维多利亚州（Victoria）政府合资企业 Vic Roads 于 1994 年开始实施 SRTS 计划，从一个基于社区的试点项目起步，旨在解决与学校相关的道路安全问题。该计划逐渐发展成为稳定有效的"维多利亚州的模式"，并被澳大利亚交通咨询委员会采纳，进一步在全国范围内推广。各州也纷纷推出了自己的项目，如昆士兰的"积极通学（Active School Travel）"计划和南澳大利亚的"Way2Go"计划。在英国，儿童肥胖问题被世界卫生组织欧洲区域办公室称为"严重的健康危机"，而儿童通学的问题不仅涉及交通部门，还与卫生部门相关甚密。因此，英国的 SRTS 工作由可持续交通慈善机构 Sustrans 领导，于 1995 年在英国 4 个城市的 10 所学校试点了丹麦的方法。加拿大也在 1996 年在多伦多启动了"积极与安全的上学路（Active and Safe Routes to School，ASRTS）"试点计划，但其主要目标则是减少温室气体排放。各州也开展了鼓励儿童步行和骑行上学的活动，如多伦多的 Go for the Green 和不列颠哥伦比亚的 Way to Go 项目。而全国性的促进积极通学政策的则集中在另一个称为"学校出行规划（School Travel Planning，STP）"的计划中。美国则将丹麦的 SRTS 理念发展得最为壮大。美国的 SRTS 计划是一个鼓励学生步行和骑自行车上学的倡议，旨在提高安全性、健康性和交通效益。在国会资助下，该项目已成为全国性的项目。

（二）SRTS 的美国模式

美国的 SRTS 计划的发展历史可以追溯到 20 世纪 90 年代末。1997 年，纽约市布朗克斯区启动了美国第一个 SRTS 计划。同年，佛罗里达州也实施了试点计划。2000年8月，美国国会通过国家公路交通安全管理局对这两个SRTS试点项目提供了资助，表达了政府对SRTS项目建设的支持。试点项目启动后一年内，全国各地纷纷开展了对于SRTS工作的探索。

从2005年到2012年，全国性的"SRTS倡议（Safe Routes to School Initiatives）"通过独立的联邦SRTS项目（Safe Routes to school program）获得资助（图7-2-1）。为了鼓励更多的孩子步行和骑自行车上学，国会在2005—2009财年批准了6.12亿美元用于一项新的联邦SRTS计划，作为联邦交通法案《安全、负责、灵活、高效的交通公平法案：用户的遗产》（*Safe, Accountable, Flexible, Efficient Transportation Equity Act: A Legacy for Users*, SAFETEA-LU）"的一部分。该计划开始对全国所有50个州和哥伦比亚特区的SRTS计划展开联邦资助，并从2010财年至2012财年每年增加1.83亿美元的投资，最终为SRTS投入了累计超过10亿美元的资金。各州交通运输部（Department of Transportation，DOT）每年都会收到联邦资金来实施该计划。各州的资金份额基于中小学的入学儿童数量，每年至少拨款一百万美元，并必须配有一名全职SRTS协调员来管理该计划。

然而，资金的支持并不总是持续且稳定的。2012年6月，国会通过了新的交通法案《迈向21世纪进步》（*Moving Ahead for Progress in the 21st Century*，MAP-21），对骑自行车、步行和SRTS等项目的资助方式做出了重大改变。这项立法不

图7-2-1 美国各地区SRTS计划标志
来源：美国各州SRTS项目官网

再赋予 SRTS 项目专有资助，而是将其与其他骑自行车和步行计划合并为"交通替代计划（Transportation Alternatives Plan，TAP）"。在 TAP 中，SRTS 项目必须与其他自行车和步行促进项目，甚至环境优化和林荫道建设项目同台竞争。所有这些用途的资金水平合计约为每年 8 亿美元。并且，这些项目不再 100% 由联邦资助，当地社区必须支付其中的 20% 作为配套。图 7-2-2 概述了 SRTS 的资助方式变革历史。根据 SRTS 资助规则的要求，资助的对象包括基础设施项目（要求占比全部资金的 70%~90%）和学校周边 3.2 公里范围内的非基础设施相关活动[9]。

图 7-2-2　SRTS 建立与资金来源演变过程
来源：作者根据参考文献 [9] 改绘

（三）SRTS 6E 模型

在实践中，SRTS 总结了六个关键措施，形成了如今被广泛接受的 SRTS 6E 模型。最早的 SRTS 计划采用了 5E 模型，包括鼓励（Encouragement）、教育（Education）、工程（Engineering）、执法（Enforcement）和评估（Evaluation）这五个要素。随着时间的推移，SRTS 逐渐认识到了公平性在计划中的重要性。因此，将公平（Equity）作为第六个要素添加到模型中。这一调整是为了确保计划不仅关注广泛的社区参与，还能平等地关注所有学生，尤其是低收入家庭、不同种族和性别的学生，以及残疾学生的公平权益。自 2020 年 6 月起，SRTS 对模型进行了进一步的优化，将"执法（Enforcement）"这一要素删除，并将"参与（Engagement）"作为第一个要素（表 7-2-1）。

美国 SRTS 计划 6E 模型　　　　表 7-2-1

6E	参与者	释义
参与 Engagement	学生、家庭、教师、社区、政府	这一要素强调需要广泛的参与，包括学生、家长、老师、学校领导和社区组织。通过鼓励各方参与 SRTS 计划的规划和实施，可以更好地满足各方的需求和关注点
公平 Equity	学生（特别对低收入学生、所有性别学生、残疾学生等弱势群体）	公平性要求 SRTS 计划确保所有群体都能平等受益，包括低收入家庭、不同种族和性别的学生，以及具有残疾的学生。SRTS 计划应该通过采取包容性措施来确保公平和平等
工程 Engineering	工程师、规划师、社区	工程通过工具来解决建筑环境问题，这些工具可用于创建安全的步行或骑自行车场所，也可以影响人们的行为方式。这一要素涉及改善学生步行和骑自行车上学的道路和交通设施。这包括修建人行道、减速带、人行横道、交通信号灯等，以提高交通安全性
鼓励 Encouragement	学生、家庭等	鼓励策略激发人们对安全步行和骑自行车上学的兴奋感。儿童、家长、教师、学校管理人员和其他人都可以参与国际步行上学日等特殊活动以及步行校车和自行车通学等正在进行的活动。鼓励策略通常可以相对容易地开始，成本较低，并且注重活动的趣味性
教育 Education	学生、家庭、社区	教育要素涉及为学生、家长和社区提供关于交通安全和骑行技能的教育。还可以针对家长、邻居和社区中的其他司机，提醒他们礼让行人、安全驾驶并采取其他行动，使行人和骑自行车的人更安全
评估 Evaluation	措施	评估要素涉及监测和评估 SRTS 计划的效果，以确保计划的目标得以实现，并为未来的改进提供数据支持。评估可以包括交通事故率的监测、学生出行模式的调查等

来源：作者根据美国 SRTS 官网改绘

在这之中，工程、鼓励与教育是最为显性的直接措施，也是美国 SRTS 项目最具特点的部分。全流程的完整性则是 SRTS 作为国家级项目能够持续实践、反馈、评估、优化的原因之一。在本部分，我们将关注工程措施中的两个实施对象，即学校周边和沿着通学路线，关注鼓励与教育措施中的两大关键——特别活动与合作伙伴，并对 SRTS 计划的有效措施进行介绍。

在开展上学安全路线优化项目时，通常需要考虑学校周围的三个区域：学校招生边界、学校步行区和学校区域。理想情况下，学区应从前门开始，涵盖校园以及学校周围尽可能多的街区。学区通常包括学校沿线的街道以及学校周围一到两个街区的区域。这个区域应标有特殊标志，提醒司机此处有大量儿童通行。学校过路标志、速度标志、学区路面标记和其他交通平静装置提醒驾驶员要特别小心和注意该区域。

学校步行区通常是入学区的一个子集。在具体的定义上，学校步行区可能会依据州或地方政策而定。然而，在缺乏明确规定的情况下，一般经验法则将步行边界设定为距离小学 0.8 公里或 1.6 公里的范围，对于初中和高中，这个距离可能会更远。图 7-2-3 中的阴影圆圈意在视觉上强调"步行区"的概念，但实际上的步行区形状很少是完全的圆形。有些学生住所离学校太远，无法通过步行抵达，因此通常学校会为他们提供巴士服务。政策规定的步行区域通常表示该区域不向学生提供巴士服务（但有些学校可能将其定义为禁止交通区，而不是专门的步行区）。无论是基于政策规定还是通过一般经验法则来确定步行区域，这都有助于我们集中精力识别和解决与该区域相关的工程问题。学区（深色区域）是紧邻学校的道路，通常在每个方向延伸一到两个街区。为了确保学生的安全，学区在早上和下午的交通高峰时段往往会降低车速限制。此外，使用特殊标志，如十字路口标志、限速标志、学区路面标记等，能够提醒驾车者在此区域要特别小心和留心。

正确设计和应用的交通稳定装置可以鼓励学区内驾驶员和行人展现良好的行为。这些措施，如高能见度人行横道、街道变窄和标牌可以确保学区的安全，并随时为儿童提供便利。此外，为学区实施无障碍改善措施也是明智的选择。例如，路缘坡道、无障碍行人信号灯以及无障碍人行道和小路，不仅方便残疾儿童，也使推着婴儿车的父母、老年人以及其他有永久性或暂时性行动障碍的人受益。

图 7-2-4 展示了 2009 年街道和高速公路统一交通控制装置手册（2009 Manual on Uniform Traffic Control Devices for Streets and Highways，MUTCD）中学校

第 7 章 城市积极交通出行公共政策干预的国际经验   231

（a）学校招生范围

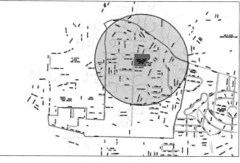
（b）学校步行区

图 7-2-3　学校招生范围与学校步行区实例
来源：作者根据《安全上学路线在线指南》改绘

预警标志、学校限速标志、学校十字路口标志和"终点学校区域"标志的典型位置。这些标志对于提醒驾驶员和行人保障学区的安全至关重要。

学校路线图可以告知学生和家庭步行和骑自行车上学的路线，还可以识别需要改进的区域。区域一般是仅为学校步行区内的所有家庭制定的，但也可以扩展到步行区之外的区域，甚至学校的整个招生区域。学校步行和骑自行车路线图不仅为学生步行和骑自行车上下学提供路线指引，还可以识别哪些地方可能需要工程处理，以及交通控制设施如路口警卫、路缘坡道和标志等的设置位置。为了确定到学校的最佳路线以及问题区域，相关部门需要首

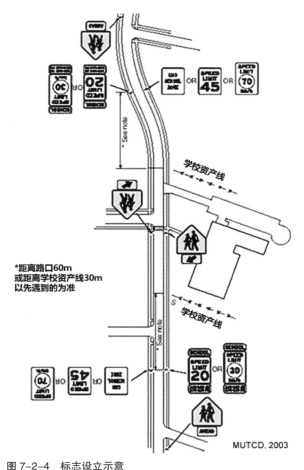

图 7-2-4　标志设立示意
来源：作者根据《安全上学路线在线指南》改绘

先对学校周围的物理环境进行评估。在实施变更后，相关部门应重新评估进行改进（例如工程处理）的区域，以确定路线现在是否针对步行和骑自行车进行了改进。此外，相关部门应至少每年审查一次步行出行边界以及绘制的步行路线和自行车路线，以了解学校步行出行边界、步行区域或邻近社区是否发生变化。

案例1：走鹃小学（Roadrunner Elementary School），亚利桑那州凤凰城

与许多其他社区一样，菲尼克斯正在与学校负责人和家长合作制定步行路线图，为年轻学生提供步行上下学最安全路线的指导。该计划不仅通过确定最安全的路线使学校旅行更加安全，而且还包括学校负责人和家长对步行路线进行全面审查，以找出问题区域。步行路线计划有助于确定哪里需要改进，以及在哪里放置人行横道、停车标志和成人学校路口警卫。步行路线的最终目的是鼓励更多的孩子步行上学，并减少家长开车送孩子上学的行为。

学校提供步行出行边界图，家长志愿者来审查和制定步行路线。市政府为家长和学校负责人提供航空照片、四分之一剖面图以及如何进行审查的指南。该过程要求家长志愿者或学校负责人审查整个步行路线，并确定最理想的步行路线，为步行出行范围内的每个家庭提供服务。如果可以确定或创建安全路线来为更多学生服务，则还可能涉及修改步行出行边界。

步行路线图完成后，交通负责人会审查关注区域，并与学校负责人合作，确保成人学校路口警卫的数量和位置正确。市政府提供地图的最终版本并维护步行路线的计算机文件。学校负责人有责任在学年开始时和新生入学时向家长分发步行路线计划。学校步行路线图每年都会进行审查，以确定学校步行出行范围内或周边是否有任何变化。

在工程物理措施中，铺装良好的人行道是上学步行路线的重要组成部分。它们应具有平坦、坚实的表面，并通过路缘石、缓冲区或带缓冲区的路缘石将机动车辆与人行道分隔开。人行道不仅为儿童提供步行、跑步、滑冰和玩耍的场所，还经常被年轻的自行车骑行者使用。一个连续且无障碍的人行道网络可以显著提升所有行人的流动性，这对于肢体残疾的人而言尤其重要。在任何新建或翻新的开发项目中，人行道都应作为必不可少的一部分。对于那些没有人行道的街道，

特别是那些儿童步行或骑自行车上学的街道，需要确定在这些街道上改造人行道是否合适。在条件允许的情况下，街道两侧都应设置人行道。

除了步行，沿街布置的学生出行设施还应该支持自行车骑行。骑自行车是孩子们上下学的重要方式，尤其对于那些离学校太远而无法步行的学生来说，它是一种积极且能够更有效地替代机动交通的积极交通方式。大多数骑自行车行为发生在孩子们居住和上学的社区街道上。非正式道路的小径和小路可以作为步行时居住区街道网络的补充，但不能替代或完全替代居住区街道网络，因为大量的自行车骑行只能在街道系统上进行。一些社区为此专门规划了自行车路线，并标有引导标志。位于机动车停车场旁边的自行车道宽度至少应为 1.5 米。靠近路缘的自行车道的首选宽度也是 1.5 米，尽管 1.2 米（不包括排水沟）可能就足够了。重要的是，自行车道的宽度不应足以容纳机动车辆，以防止机动车驾驶员将其用作行车道。应通过使用标志或油漆符号以及机动车停车限制来指定自行车道的用途。在现有道路通行权内容纳自行车道可能是一个挑战。其他社区提供了地图，显示了适合骑自行车的街道。如果有机会，所有年龄段的孩子，甚至高中生，都会骑自行车上学。

自行车和步行道的连通性是影响步行或骑自行车上学能力的关键因素（图 7-2-5、图 7-2-6）。当连通性增强时，通行距离会相应缩短，同时路线选择也会更加丰富。一个由街道、人行道、自行车道和路径组成的网络，如果其中所有部分都能良好地相互连接，将大大减少儿童从家到学校的距离。此外，这样的网络设计允许学生更多地利用当地街道而不是主要道路，从而提供更多的往返学校的路线

图 7-2-5　步行道和自行车道
来源：《安全上学路线在线指南》

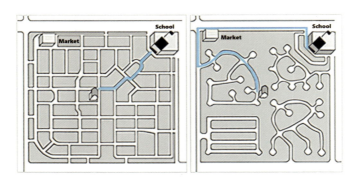

图 7-2-6 连通性
来源:《安全上学路线在线指南》

选择。为了增强连通性，可以考虑对人行道、桥梁或人行道改造，将现有的、连接不良的街道网络进行整合和优化。

此外，鼓励策略的目标是让步行和骑自行车成为一种乐趣。这些策略能够激发人们对步行和骑自行车的热情和兴趣。特别活动、里程俱乐部、竞赛和其他互动活动都为家长和孩子提供了发现或重新发现步行和骑自行车可行且充满乐趣的机会。值得一提的是，鼓励和教育策略是相辅相成的。通过奖励参与以及对儿童和成人进行关于骑自行车和步行安全性和积极效应的教育，可以促进步行和自行车骑行的普及。

特别活动通常是庆祝步行和骑自行车上学的单日活动。在这些活动中，家人会步行或骑自行车从家里或集结区出发。为了营造兴奋和庆祝的氛围，可以使用标牌、气球和横幅等道具。当参与者到达学校时，他们可能会受到校长或学校"吉祥物"的欢迎，并收到零食和贴纸等小礼物。此外，新闻发布会、歌曲、升旗敬礼或其他集体活动可以使活动更加圆满。志愿者在策划活动、与孩子们一起散步并在学校分发物品等方面也发挥了重要的作用。这些活动的额外好处是提高 SRTS 和相关问题的知名度，并让家长和社区更加充分地了解安全步行和骑自行车上学的好处和乐趣。这些特别活动可以每年举行一次，例如国际步行上学日，也可以在一年中的不同时间举行几次。

（四）小结

与其他项目相比，国家级项目最显著的特点是强调整个过程的完整性，从问题识别到实施和评估。这种全流程系统性的 AST 促进项目更有可能提高儿童采用积极交通方式通学的概率。这不仅对儿童的身体活动、心理健康和知识学习等产生积极影响，而且从长远来看，也有助于优化社区的儿童友好性基础设施[10]。

AST 项目的目标在于促儿童进行安全、健康和环保可持续的上学通勤行为。这一目标是公益性的，因此国家级 AST 计划遵循专业的提案过程，以确保按时完成、有效实施，并具备展示成果以获得政府关注和财政支持的能力。图 7-2-7 展示了美国、加拿大和澳大利亚的 SRTS 计划为代表的国际 AST 项目的运行流程。一般来说，该流程可以分为三个（或四个）主要阶段，包括问题识别、计划和实施以及评价。

启动计划是第一步，也是至关重要的环节，需要深入了解当前状况并广泛进行背景研究。具体措施包括：①结成联盟。寻找或建立致力于推动积极交通上学（AST）的团体，目标是领导和监督计划的实施。成功的 SRTS 计划通常归功于一个充满热情和奉献精神的领导者，他们为团队提供领导并确保持续的进展。②团队会议。召集涉及儿童上学通勤的利益相关者，如父母、学校、地方政府和相关社区，举行团队会议。会议中会介绍 AST 计划的未来愿景，并特别关注平等问题。③数据收集。通过各种调查方法，如问卷调查、电话采访和街头访谈，收集关于

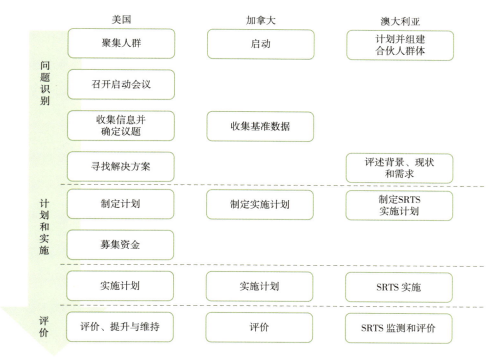

图 7-2-7　国际 AST 项目的运行流程
来源：作者自绘

父母的态度和观点的信息。此外，还会收集交通环境数据等客观信息，包括道路网络、行人和自行车基础设施、交通事故以及儿童参与 AST 的基准数据。④问题识别。对收集到的数据进行分析，识别出影响学生上学通勤需求和障碍的问题。

第二步包括计划和项目的规划与实施，其中包括：①计划制定。制定综合的干预计划，通常结合教育、鼓励、工程和执法策略，并制定明确的时间表。此阶段还需要制定最终的评估方法。②计划实施。这一阶段包括监测和跟踪实现计划目标的进展。

最后一步是评估和总结，以确定策略目标是否实现，并将资源投入到最有可能成功的工作中，为未来的计划改进提供指导。评估内容包括步行和骑行率、儿童的健康和安全、环境和社会经济影响以及父母态度的变化，以及这些变化是否被决策者所关注。美国已经制定了专门的评估模块手册，而加拿大和美国的评估部分都强调了评估在整个 AST 计划过程中的重要性。

二、标志性活动

（一）步行校车

步行校车（Walking School Bus，WSB）是一种由父母或其他成年人作为监护人带领儿童上学的方式。这种形式通常由一名监护人在一群儿童前方担任"司机"，另一名在后方担任"指挥"，带领儿童沿着设定的路线步行至学校。这种步行上学的方式就像校车一样，途中接上其他儿童，最终安全地将他们送到学校。步行校车的概念最早由澳大利亚的 Engwicht 于 1992 年提出，并在 1996 年由加拿大首次成功实施。随后，这种形式的步行上学方式在澳大利亚、新西兰和英国等地逐渐兴起，并引起了当地学术界、媒体和政策制定者的广泛关注。

在英国，首个 WSB 项目于 1998 年开始试点并逐渐得到推广。经过数十年的实践，该措施被确定为促进 AST 最有效的方式，显著减少了送学汽车出行量达 30% 之多。2003 年，澳大利亚首都堪培拉正式启动了 WSB 项目。与其他 WSB 项目不同的是，堪培拉的 WSB 由非营利组织"基督教青年妇女协会"（Young Women's Christian Association，YWCA）发起，其主要目标之一是"鼓励建设强大、安全、友好和支持的社区"，从而"促进小学生的幸福和快乐"。然而，目前许多学校由于学生数量减少问题而关闭，且缺少稳定的长期资金支持，这被认为是影响 WSB 项目开展的关键问题。

在新西兰，南岛的基督城于 2005 年首次发起 WSB 活动倡议。该倡议最初的目的是解决儿童交通事故问题，同时也致力于应对学校周边的交通挑战，提升社会效益、健康与安全效益，培养儿童独立出行的能力，并节省其他家庭成员的时间。在美国，该计划扩展到了自行车出行领域，被称为"自行车列车"。WSB 活动成为美国 SRTS 计划中的一个简单且灵活的组成部分。此外，日本的一项研究指出，最早的 WSB 计划被称为"shuudantōkō"，可以追溯到 1962 年。该研究认为，与西方文化背景和语言的差异可能是日本 WSB 研究曝光和传播有限的原因之一[11]。

（二）步行上学日

走路上学（Walk to School，WTS）是一项为期一天的挑战活动，旨在鼓励整个社区共同参与，宣传步行上学的好处。该活动的概念最早起源于英国，1995 年英国赫特福德郡首次创立了 WTS 宣传周活动。而第一个 WTS 日活动则是由芝加哥的一个联盟组织于 1997 年赞助，继承了英国的理念，旨在倡导建设可步行的社区。2000 年，美国、加拿大和英国首次联合举办了世界上的第一个国际 WTS 日，后来在 2016 年被推广为整个十月份的国际步行上学月活动。

随着人们对骑自行车上学的兴趣增加，该活动于 2012 年扩展为首个全国性的步行、自行车和滑板上学活动。澳大利亚的 WTS 项目于 2000 年首次提出，并于 2001 年在悉尼的莱克哈特市首次举办，被称为"安全步行上学日（Walk Safely to School Day，WSTSD）"活动。WSTSD 的主要目标是规范并强化儿童的行人安全行为，次要目标是宣传步行对健康的益处，鼓励孩子们从小养成步行的习惯，减少对汽车的依赖，并更多地使用公共交通工具。研究发现，每年都参与 WSTSD 的学校表现出更明显的积极影响。因此，该项目的成功需要更广泛的组织和社区支持。

由于举办 WTS 日活动的经济负担非常低，甚至不到 500 美元，因此在经济条件富裕和不富裕的学校都非常受欢迎。该活动只需要多个社区伙伴的参与，特别是警察、媒体、当地企业、规划委员会成员、家长、公司赞助商和官员等群体。WTS 项目可以吸引更多儿童使用 AST，从而增加儿童的身体活动水平并提升健康水平（图 7-2-8）。

（三）游戏化

游戏化已经成为一种具有巨大潜力的社会技术策略，能够显著增加儿童 AST 活动的参与度与持续度[12]。例如，欧盟针对小学生开发的"交通蛇游戏（Traffic

图 7-2-8　Walk to School 挑战活动
来源：Living streets 组织官网

Snake Game）"已经成功吸引了多个国家参与，包括奥地利、比利时、保加利亚、希腊、匈牙利、意大利、荷兰、斯洛文尼亚和英国等（图 7-2-9）。这个为期一周的活动鼓励学生使用可持续的出行方式上学，他们可以获得贴在班级上的贴纸以及贴到游戏横幅上的蛇头位置来参与。该活动的主要目标是吸引尽可能多的儿童参与，激励他们的父母选择更可持续的出行方式，并鼓励教师也积极参与其中。

图 7-2-9　交通蛇游戏
来源：Luxmobility 组织官网

研究显示，该活动取得了显著的成效，活动期间可持续交通的比例从63%增加到78%（多年、多国的综合数据）[13]。

此外，"Beat the Street"是一个国际性的步行上学比赛和奖励计划，由专注于开发和实施体育活动计划的健康信息技术公司"Intelligent Health Ltd"实施（图7-2-10）。该活动结合了步行跟踪技术和奖励计划，旨在促进长期的健康行为改变。孩子们通过使用步行跟踪技术参与为期4周的比赛，奖励包括代金券、家庭公园门票和由校长颁发的证书。

图 7-2-10　Beat the Street 游戏
来源：Beat the Street 项目官网

尽管"Beat the Street"在促进校园积极通学方面的具体干预效果尚未明确显示，但其提高整体体育活动水平方面的潜力已经显现。这些成功的案例为进一步探索游戏化在促进儿童AST活动方面的作用提供了宝贵的经验。

（四）自行车专项

在推动儿童积极通学的项目中，一些国家采取了专门针对骑自行车的干预措施。这些措施包括专有项目，如澳大利亚的"Ride2School"、丹麦的"Tryg og Sikker Skolecykling"、英国的"Bikeabilty"，以及一些与自行车有关的简单举措，例如骑自行车培训或上文提到的自行车校车活动。

自2006年以来，澳大利亚的非营利组织Bicycle Network组织的"Ride2School"计划通过一系列支持各年龄段自行车骑行者的倡议和活动，使全国骑自行车上学日（National Ride2School Day，NR2SD）成为该计划的旗舰活动。这也成为澳大利亚庆祝不同出行方式的最大活动之一。全国骑自行车上学日通常在每年三月的某个星期五举行，要求儿童骑自行车、步行、滑板或滑冰上学，而不是乘坐小汽车。对该计划的评估显示，在城市中心学校，AST的参与率有所增加，一方面，这可能是因为这些学校本身对促进AST已经充满兴趣，而且这些学校所处的经济发达地区具有更好的自行车友好基础设施和条件。另一方面，这也表明了澳大利亚某些地区的自行车基础设施不足可能是导致步行通学参与率较骑自行车上学参与率更容易增加的原因之一[14, 15]。与此同时，建成环境和基础设施的质量也会引发父母对于儿童积极通学的安全性和便利性方面的关切（无论是感知上的还是实际的）。在这种情况下，社区的广泛参与，如社区领袖和知名人士的引导，可能会传递出积极的信号。

在丹麦，"安全的骑自行车上学（Tryg og Sikker Skolecykling）"项目旨在提高儿童骑自行车上学的安全性。该项目是丹麦民主会员组织 Cyklistforbundet 在 2009 年至 2012 年进行的研究项目。项目分为两部分：促进校园自行车骑行的措施和基于研究的评估。第一部分中的措施包括实践、教育、针对自行车的措施、行为规范和物理改变。第二部分的研究中，这些干预措施在研究中被证明在一些试点学校中确实能增加儿童的自行车骑行率，且不会增加骑自行车的事故率。但由于学校所处背景差异较大，也有一些学校的研究表示措施没有明显效果[16]。

在英国，"Bikeability"自行车培训计划于 2007 年由英国国家交通部推出，旨在为小学中较大的儿童提供"21 世纪的自行车技能培训"，培训的内容基于国家标准，包括越野自行车操控技能培训（第 1 级）和道路骑行培训（第 2 级）。学校可以免费提供"Bikeability"培训，费用由中央和地方政府资助。然而，"Bikeability"实施的效果更多地表现在可以增加总的自行车骑行频率以及提升培训后的安全意识，但并没有能明显增加 AST。

此外，在其他国家和地区还有许多类似的自行车培训课程，比如比利时的"Master on Your Bike"、新西兰的"Cycle Skills for School Kids"、美国的"Cycle for Health"，以及中国香港的短期、以学校为基础的自行车培训计划。然而研究表明，自行车技能培训可以提高儿童的自行车骑行技能，但并不会增加 AST 的自行车骑行率[17]。

（五）小结

教育和培训措施在促进儿童积极通学方面具有积极影响，这在多项研究中已经得到证实。这些措施不仅提升了儿童骑自行车的技能，还培养了他们更安全的道路穿越行为，增强了他们对 AST 的积极态度，并提高了他们的日常体育活动水平。特别值得一提的是，关于自行车培训的干预研究一致显示出积极的效果。专业的基础知识课程、技能课程和标准化培训是促使和推广儿童使用 AST 的重要基础。需要注意的是，教育和培训不仅仅面向 AST 的直接受益者，即儿童本身，还包括社区中的多个合作伙伴，如父母、司机和邻居。通过系统的教育和培训，可以启动更多形式多样的促进 AST 的活动和项目。

活动性干预措施的关键在于凝聚相关的利益群体，并使他们朝着共同目标努力。在其中，父母作为决定儿童是否能独立步行或骑自行车上学的监护人，对环境安全、便利性以及孩子的能力的担忧可能成为制约儿童积极通学的主要原因。社区的参与可以为 AST 活动提供资源支持，并从根本上改善社区的形态，例如提升道路网络连通性和可步行性。此外，如果社区内有积极的"领袖"来引领项目，将显著促进 AST 计划的实施。具有代表性的步行和骑自行车项目被证明是最有效的干预措施，产生了远不止于促进 AST 的各种积极影响，如减少驾车出行和停车问题、确保儿童的安全、增强儿童的独立性、促进健康、促进儿童之间的社交互动、提高儿童的道路安全意识以及促进市民参与等。游戏化活动对于激发儿童参与 AST 的兴趣具有很大的效果。这些富有乐趣和令人自豪的游戏活动有助于激发儿童的兴趣，但实际上，他们是否参与更多地取决于父母的决策[18]。

第三节　还路于人：
宜居社区的机动车限制策略

"还路于人"是一项旨在创建宜居社区的策略，其核心理念是将城市空间还给居民，降低对机动车辆的依赖和占用。这一策略的目标是改善城市环境，提高居民的生活质量，缓解交通拥堵，减少环境污染，并构建一个适宜居住和生活的社区。在全球范围内，为了创建宜居社区并减少机动车辆的影响，许多城市已经采取了一系列机动车限制策略。这些措施在实践中得到了尝试和验证，为建设宜居社区提供了宝贵的经验。

一、奥斯陆：无车宜居计划

2015年，奥斯陆市议会制定了"2018—2027年增加城市生活行动计划"。这个计划在无车宜居计划启动时起到了关键作用。其核心思想是，在内城区中心大幅减少私家车数量，进而构建一个更具活力和多样性的市中心。基于这一理念，该计划鼓励市政当局和市民采取行动，以提升城市生活品质。在这一行动计划中，城市生活被定义为七个要素的互动：城市经济、艺术与文化、流动性、人员、建筑、创新、自然。

无车宜居计划的目标是创建一个更加绿色和包容的城市，为市民提供更宽敞的生活空间。此计划通过减少私家车所占的专属空间，使城市街道可以为城市生活释放更多的空间。该计划的具体目标是在2015—2019年市议会选举期间，在市中心大约1.3平方公里的广泛区域内，显著优化城市环境。该计划的核心是减少私家车交通，从而提升城市生活的品质。之前被汽车占据的区域现在将重新分配给市政当局、各类组织、企业和居民使用，包括户外餐厅、文化活动、艺术、自行车停车场或娱乐场所。这将为奥斯陆打造更多的步行街和行人友好的城市空间。市中心的步行网络将得到进一步扩展，使人们和城市生活优先的区域联系得更加紧密。在未来，奥斯陆将形成一个全市范围内连贯的、适合行人和自行车通行的城市空间网络，让市民能自由、安全地穿梭其中。

无车宜居计划还着眼于改善奥斯陆市的自行车和公共交通基础设施，并致力于引入无车区域并鼓励使用电动汽车。这不仅有助于城市实现气候目标，而且还能显著减少空气和噪声污染，为市民提供一个更加宜居的城市环境。该计划的主要交通目标是到2019年将汽车交通量减少20%，到2030年将汽车交通量减少33%，同时增加公共交通、自行车和步行出行的人群比例。

这项计划不仅是一个交通策略，更是一项长期的都市发展计划，旨在推动无车城市生活的实现，并促进城市内部的功能转型。例如，德罗宁根门已被改造为适合步行的文化区，以激发城市生活的多样性和活力。此外，已经拆除了760个路边停车位，释放出更多的空间供市民和城市活动使用。要实现一个充满活力的城市生活，需要与城市中的企业、组织和居民进行合作。奥斯陆居民已经积极参与其中，通过各种会议、研讨会和活动提供宝贵的意见和建议。目前，超过50%的奥斯陆居民对市中心减少汽车持积极态度。奥斯陆还设定了2030年的气候目标：到2020年，该市的温室气体排放量将减少36%；到2030年，将进一步减少95%。奥斯陆的这项工作得到了广泛的民众支持，其中四分之三的人表示支持这一总体目标。此外，近40%的人表示愿意减少汽车使用，以支持奥斯陆实现这一雄心勃勃的气候目标。

二、弗吉尼亚：邻里交通计划

"邻里交通计划"（Neighborhood Traffic Programs）是由弗吉尼亚交通部（Virginia Department of Transportation，VDOT）推出的一项计划，旨在解决各种交通问题，以创造安全和宁静的社区环境。该计划包含了一系列政策，比如"直通卡车限制计划""注意儿童（Watch for Children）标志计划""200美元罚款标志计划""邻里街道交通稳静指南"和"住宅直通交通计划"。

"直通卡车限制计划"主要针对使用街道作为贯通路线的卡车。由于这些街道存在人行道宽度狭窄、路面铺装脆弱、住宅区或交通量繁忙等原因，因此无法安全或充分地容纳此类卡车交通。该计划旨在保护这些街道免受重型卡车的影响。

"注意儿童标志计划"则提供了一个在县或城镇当地街道上购置"Watch for Children"标志的流程，旨在提醒驾车者需要注意儿童可能在附近玩耍，以提高驾驶者的警觉性，减少潜在的危险。这些标志可以安装在限速为56公里/小时，且不与其他交通标志冲突的主要出入口的街道上。

"200 美元罚款标志计划"规定超速行驶将被处以 200 美元的额外罚款。这些标志通常设置在政策中定义的"社区住宅街道"上，这类住宅街道两侧存在大量住宅面向街道、与高等级道路连接，或路侧有停车场。张贴小于等于 72 公里 / 小时的限速标志，超速行为也会被记录下来。

"邻里街道交通稳静指南"由弗吉尼亚交通部发布，旨在指导邻里街道实施交通稳静政策。交通稳静化的目的是在邻里街道上降低车辆速度，以保障行人和居民的安全。如果车速超过限速 16 公里 / 小时，则可以采取措施。在实施这些政策时，必须得到社区中 50% 及以上家庭的批准，并得到政府和镇议会的批准。

"住宅直通交通计划"为社区提供了一套解决住宅区内直通交通问题的指南和程序，以识别和解决住宅区域内的穿越交通问题。所谓的"住宅穿越交通"是指机动车辆在住宅区域内通过而不停留，或者至少没有起点或目的地位于该区域内。要符合穿越交通措施的资格，该街道必须是州高速公路系统中的次要道路，其功能分类为"本地"，主要用于直接通往居民区以及为该社区使用而设计的其他相邻用地（例如操场或娱乐中心）或社区内的流动性。这类街道通常限速 40 公里 / 小时或更低。此外，该街道必须在一天中至少有一个小时内，单向通行的穿越交通量达到 150 辆或更多，占总交通量的 40% 或更多，并且必须有一个已确定的替代路径。然后，当地政府将对社区进行调查，召开公众会议，最终以决议形式决定是否同意提案。一旦决议获得通过，将提交给 VDOT 进行最终确认。这一计划为社区提供了明确的方向和程序来解决与直通交通相关的问题，从而保障居民的出行安全和生活质量（图 7-3-1）。

图 7-3-1　邻里交通计划相关标志
来源：参考文献 [19]

三、影响启发

两个案例均以建造宜居的邻里社区为核心目标，采取了对社区内机动车交通的限制措施。这些措施旨在创造更绿色、更包容的城市环境，从而提高城市生活的质量。案例通过扩展步行街和打造适合行人的城市空间，鼓励居民选择步行、自行车和公共交通等可持续出行方式。此外，引入无车区和电动汽车的举措对于减少空气和噪声污染，改善城市环境起到了积极作用。特别是在奥斯陆，其制定的雄心勃勃的气候目标与减少私家车交通紧密结合，这不仅有助于实现具体的减排目标，也是对环保理念的积极践行。

总体而言，这两个计划都凸显了可持续城市规划的重要性。无论是奥斯陆的无车宜居计划还是弗吉尼亚的邻里交通计划，它们都强调了社区参与和合作的价值。计划的成功得益于居民的积极参与和反馈，这进一步证明了在城市规划过程中与社区紧密合作和听取居民意见的重要性。将减少汽车交通作为实现气候目标的一部分，无疑是一种积极的环保举措。它鼓励人们重新思考出行方式，转向更为可持续的选择。同时，通过解决交通安全问题，如限制卡车通行，设置速度限制和罚款制度，以及实施交通稳静政策，这些计划都极大地提升了邻里社区的安全性，进而提高了其宜居性。

这两个案例为我们提供了宝贵的启示：可持续出行与改善交通安全是创建宜居社区不可或缺的要素。在进行城市规划时，我们需要综合考虑交通、环境、社区参与和气候目标等多个方面，以提升城市生活质量和空间品质。

本章参考文献

[1] WALK BIKE MARIN. What is WalkBikeMarin? [EB/OL]. (2023-09-17). http://www.walkbikemarin.org/about.php.

[2] INFRASTRUCTURE CANADA. National Active Transportation Strategy 2021-2026 [R]. Canada: Infrastructure Canada, 2020.

[3] ESCH M V, BOT W, GOEDHART W, et al. Een Toekomstagenda Voor Snelfietsroutes [R]. Amsterdam: Fietsersbond, 2017.

[4] MAGAREY A M, DANIELS L A, BOULTON T. Prevalence of overweight and obesity in Australian children and adolescents: reassessment of 1985 and 1995 data against new standard international definitions [J]. The Medical Journal of Australia, 2001, 174 (11): 561-564.

[5] MCDONALD N C. Active transportation to school: trends among US schoolchildren, 1969-2001 [J]. American Journal of Preventive Medicine, 2007, 32 (6): 509-516.

[6] POOLEY C G, TURNBULL J, ADAMS M. The journey to school in Britain since the 1940s: Continuity and change [J]. Area, 2005, 37 (1): 43-53.

[7] BULIUNG R N, MITRA R, FAULKNER G. Active school transportation in the Greater Toronto Area, Canada: an exploration of trends in space and time (1986-2006) [J]. Preventive Medicine, 2009, 48 (6): 507-512.

[8] JENSEN S U, HUMMER C H. Safer routes to Danish schools [J]. Sustainable Transport: Planning for Walking and Cycling in Urban Environments, 2003: 588-598.

[9] SAFE ROUTES PARTNERSHIP. Safe Routes to School[EB/OL]. (2023-07-03). https://www.saferoutespartnership.org/safe-routes-school.

[10] STEWART O. Findings from research on active transportation to school and implications for safe routes to school programs [J]. Journal of Planning Literature, 2011, 26 (2): 127-150.

[11] WAYGOOD E O D, TANIGUCHI A, CRAIG-ST-LOUIS C, et al. International origins of walking school buses and child fatalities in Japan and Canada [J]. Traffic Science, 2015, 46 (2): 30-42.

[12] BIELIK P, TOMLEIN M, KRáTKY P, et al. Move2Play: An innovative approach to encouraging people to be more physically active [C]//Proceedings of the 2nd ACM SIGHIT international health informatics symposium. Tsukuba: [s.n.], 2012: 61-70.

[13] BöHLER-BAEDEKER S. Traffic Snake Game-Final Report and Infographic available [R]. Cologne, Germany: Rupprecht Consult, 2017.

[14] BRISBANE CITY COUNCIL. Active School Travel Program: 2008 Summary Evaluation Report [R]. Brisbane: Brisbane City Council, 2009.

[15] CRAWFORD S, GARRARD J. A combined impact-process evaluation of a program promoting active transport to school: understanding the factors that shaped program effectiveness [J]. Journal of Environmental and Public Health, 2013, 2013 (1): 816961.

[16] ØSTERGAARD L, STøCKEL J T, ANDERSEN L B. Effectiveness and implementation of

interventions to increase commuter cycling to school: a quasi-experimental study [J]. BMC Public Health, 2015, 15 (1): 1199.
[17] SCHöNBACH D M I, ALTENBURG T M, MARQUES A, et al. Strategies and effects of school-based interventions to promote active school transportation by bicycle among children and adolescents: a systematic review [J]. International Journal of Behavioral Nutrition and Physical Activity, 2020, 17 (1): 1-17.
[18] CHILLóN P, EVENSON K R, VAUGHN A, WARD D S. A systematic review of interventions for promoting active transportation to school [J]. International Journal of Behavioral Nutrition and Physical Activity, 2011, 8 (1): 1-17.
[19] VIRGINIA DEPARTMENT OF TRANSPORTATION. Neighborhood Traffic Programs[EB/OL]. (2023-09-19).https://www.virginiadot.org/programs/is-VDOTCommunityPrograms.asp.

图书在版编目（**CIP**）数据

城市积极交通规划与管理 = PLANNING AND MANAGEMENT FOR ACTIVE TRANSPORT / 马亮著 . -- 北京：中国建筑工业出版社，2024. 10. -- ISBN 978-7-112-30542-1

Ⅰ. TU984.191

中国国家版本馆 CIP 数据核字第 2024A0G167 号

本书旨在探索城市积极交通规划与管理的路径、理念等，构建健康、活力、宜居的城市环境。本书先介绍城市积极交通出行的全球发展趋势并结合实践案例进行分析，在此基础上探索城市积极交通出行行为理论和影响机制，还分析了儿童积极通学行为影响机制，重点关注了积极交通出行与健康城市、幸福城市的关系，并总结城市积极交通出行公共政策干预的国际经验，为中国城市的交通规划与管理工作提供了可借鉴的政策思路和实践经验。

本书适用于城乡规划、城市管理、交通管理领域高校师生以及相关行业从业人员。

责任编辑：杨　虹　周　觅
文字编辑：马永伟
责任校对：张　颖

城市积极交通规划与管理
PLANNING AND MANAGEMENT FOR ACTIVE TRANSPORT
马亮　著

*

中国建筑工业出版社出版、发行（北京海淀三里河路9号）
各地新华书店、建筑书店经销
北京雅盈中佳图文设计公司制版
北京富诚彩色印刷有限公司印刷

*

开本：787毫米×1092毫米　1/16　印张：16　字数：277千字
2024年12月第一版　2024年12月第一次印刷
定价：**88.00元**
ISBN 978-7-112-30542-1
（43961）

版权所有　翻印必究
如有内容及印装质量问题，请与本社读者服务中心联系
电话：（010）58337283　QQ：2885381756
（地址：北京海淀三里河路9号中国建筑工业出版社604室　邮政编码：100037）